Happier at Home

幸福断舍离

[美] 格雷琴·鲁宾（Gretchen Rubin）◎著
刘甸邑 ◎译

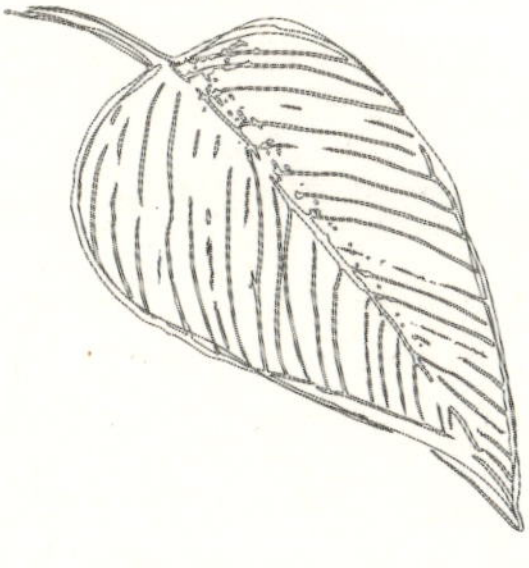

中信出版集团 · 北京

图书在版编目（CIP）数据

幸福断舍离 /（美）格雷琴·鲁宾著；刘甸邑译
. -- 北京：中信出版社，2018.6（2020.1重印）
书名原文：Happier at Home
ISBN 978-7-5086-8597-7

I. ①幸⋯ II. ①格⋯ ②刘⋯ III. ①幸福－通俗读物 IV. ① B82-49

中国版本图书馆 CIP 数据核字（2018）第 025152 号

幸福断舍离

著　　者：[美] 格雷琴 · 鲁宾
译　　者：刘甸邑
出版发行：中信出版集团股份有限公司
（北京市朝阳区惠新东街甲 4 号富盛大厦 2 座　邮编　100029）
承 印 者：北京楠萍印刷有限公司

开　　本：880mm × 1230mm　1/32　　印　　张：8.75　　字　　数：200 千字
版　　次：2018 年 6 月第 1 版　　印　　次：2020 年 1 月第 2 次印刷
京权图字：01-2015-7754　　广告经营许可证：京朝工商广字第 8087 号
书　　号：ISBN 978-7-5086-8597-7
定　　价：45.00 元

服务热线：400-600-8099
投稿邮箱：author@citicpub.com

献 给
我的妹妹
伊丽莎白

能在家感到幸福是一切雄心壮志的最终结果，是所有进取心和努力的终点站。

——塞缪尔·约翰逊（Samuel Johnson）

“安全了，安全了，安全了。”房子的心脏猛烈地跳动着。“这么多年了——”他叹气。“你们再一次找到了我。”“在这儿，”她低声喃喃，“你们睡觉；在花园里阅读；大笑，在阁楼的地板上滚动苹果。我们把宝藏留在这儿了——”俯身，他们带来的光亮让我睁开双眼。“安全了！安全了！安全了！”房子心跳的节拍是这样狂野。我哭着踱步，“哦，这就是你们埋藏的宝藏？那心中的光亮。”

——弗吉尼亚·伍尔芙（Virginia Woolf）

目 录
READERS

第 3 章
为人父母　用心关注

第 4 章
内在设计　重塑自我

第 5 章
时间　主导自己的生活

第 6 章
身体　在经历中体验

第 7 章
家庭　学会感恩

第 8 章
环境　拥抱当下

致读者

READERS

幸福计划是一种日常生活实践法。首先是准备阶段，你要认识到什么能带给你快乐、满足和专注，以及什么会带给你愧疚、愤怒、无聊和懊悔。其次是制订计划，你要制订切实可行的行动方案来增强你的幸福感。之后就是最有趣也最困难的部分：执行并坚持你的计划。

这本书是关于我第二个幸福计划的故事——关于我这一次尝试了什么，学到了什么。

从我制订第一个幸福计划到现在已经五年了，其间不断有人问我："你的计划真的有效吗？你的生活看起来并没有改变太多，你真的变得更幸福了吗？"

的确，我的生活仍然维持原样：同样的丈夫，同样的两个孩子，同样的工作，同样的公寓，同样的循规蹈矩的日常生活。然而我的幸福计划确实让我收获了幸福；我意识到我要做出改变并且将其付诸实践，遵守我的个人信条"做自己"，我有能力在不改变我的生活的前提下改变我的人生。

"我没办法开始一个幸福计划，"你也许这么断言，"我没有额外的时间、金钱或者多余的精力。我的计划表已经够满了。"但是，在大多数情况下，我的幸福计划并没有用掉太多的时间、金钱或者精力。要让自己更幸福的确需要付出努力，但付出努力本身也是件让人幸福的事情；真正的挑战是有目的地选择做什么——然后去做。

我常疑惑，为什么逼迫自己去做让自己幸福的事也这么困难？我通常知道什么行动计划会让我自己更开心，但我还是要督促自己去完成计划。每天，我都会亲吻家人，保证足够的睡眠，不再反复查看邮件，并积极鼓励他人。每天，我都告诉自己要接纳自我，并给自己更高的期望。

我的第一个幸福计划涉猎甚广，而本书的主题则局限得多，也深入得多。我意识到在给我带来幸福感的方方面面中，我的家庭是最重要的。所以，我决定多花些时间，多用点儿精力在家庭上。我希望借助这本书中的行动计划，让我自己和家人都在家里感觉更舒适、更自在。

当然，因为这是我的幸福计划，所以它反映了我的生活环境、价值观、兴趣爱好、脾气秉性。每个人对于家庭或者幸福的想法都是独特的，但我敢保证，几乎所有人都能从幸福计划中获益。

“那好，”你也许这么想，“既然每个人的幸福计划都是独特的，那我为什么要读她的计划呢？”也许你会觉得不可思议，但关于幸福的研习告诉我，我从他人的经历中能学到更多，远远多于我从阅读哲学著作或者调查报告里能学到的。从他人的经历中，我也能看到我自己的影子——即使我和他们看起来没什么共同点：比如我和我自己的三个人生导师就很不同，他们一个是追根究底、有拖延症的词典编辑，一个是人生 1/3 以上的时间都在修道院度过的修女，还有一个是《独立宣言》的签署人之一。

这本书讲述的是一个关于教育的故事。

我希望我的幸福计划能帮助你开始自己的幸福计划。不论何时，不论何地，现在都是你开始幸福计划的最佳时点。

前　言
READERS

“幸福的奥秘就是对生活中的所有细节都抱有真正的兴趣。”

——威廉·莫里斯（William Morris）

一个夏末的周日傍晚，在我把餐具从洗碗机里取出来的时候，我突然陷入了一种熟悉又陌生的情感，强烈的恋家情结像海浪一样向我扑来。想家——为什么？可能是气味的暗示，也可能是灯光的色彩，引发了一些难以忘怀的记忆。恋家——怎么会呢？我也摸不着头脑。此刻，我就站在自家的厨房里，我的家人就在旁边的客厅，我的丈夫杰米在盯着电视看高尔夫球赛，女儿伊丽莎和埃莉诺在玩“开餐厅”的模拟游戏，但我就是突然地非常想念他们。

我环顾四周——蓝色的炉子、木质的刀架、坏掉的烤箱和窗外的街景，一切都是这么熟悉，以至于我经常会忽略它们。

“您今晚需要什么甜点吗？”我听到埃莉诺扮成餐厅招待，甜甜地说道，“我们有苹果派、蓝莓派和南瓜派。”我望着客厅里的女儿们，像往常一样，她们的棕色长发随意扎成马尾，埃莉诺的脑袋上还扣着一个皱巴巴的招待帽。

“蓝莓派，谢谢。”伊丽莎一本正经地回答。

“怎么不问我？”杰米凑热闹，“你也要来问我准备吃点儿什么吧？”

“不，我们不带爸爸一起玩儿！”

我到底在向往什么样的生活？我突然明白，我是如此恋家。此时此刻，我怀旧又伤感：杰米、我和两个女儿朝夕相伴，我们的父母都身体健康而且忙于自己的事业，两个小侄子刚开始学着说话和玩耍。在可以预见的未来，除了伊丽莎即将升入初中以外，并没有什么大事。

我想起英国文学巨匠塞缪尔·约翰逊（我和这个18世纪编写词典的怪咖天才没有半点儿相似，但他的作品总能让我产生共鸣）的一句话：“能在家感到幸福是一切雄心壮志的最终结果，是所有进取心和努力的终点站。”

诚如其所言。我一边思考，一边收拾碗筷。约翰逊是对的，家就是我生活的中心，不论悲喜。但“家”到底是什么呢？我到底想从家里得到什么？

对我来说，家就是我不用按铃就能进的门，是我不用经过允许就能拿出一把零钱的储蓄罐，是我不用担心馅料不合口味就能吃的金枪鱼三明治，是我可以直接拿走翻查的一沓信。家的核心是我的家人，我家人所在的地方就是我的家。如果我一个人生活，那么家就是我所爱的人留下爱的痕迹的地方。

家是无条件的归属感，家既能带来愉快，也能带来痛苦。诗人罗伯特·佛斯特写道，家“从某种意义上说是你本不应拥有的”。当我在家时，我会产生莫大的安全感和被接纳感，同时也感到自己肩负着责任和义务。和朋友在一起时，我的热情好客是自发的，而对我的家人来说，他们不需要请柬就能得到我所有的爱。

家也是我活动的中心，是我时间表的中心，更是我想象力的中心。我的世界就围绕着家这么一个点运转，一个大大的、鲜红的、写着“到家了”的箭头就隐形地悬在我家的屋顶上。我记得当年我和杰米是从往南十个街区的地方搬到这里的，对当时的我来说，整个纽约城都好像因为搬家而摇晃着重新定位，以确保我们的家重新成为世界的正中心。

在我家不起眼的门后，等待着我的是我和家人们创造的小世界，其中充满了安全、探索、舒适和爱。大衣柜里面的干爽气味，直梯移动时发出的轻微的叮当声，门后摆得整整齐齐的图书，我们共用的牙膏味道——这一切构成了我家的基础。

我为什么之前没有仔细思考过我的家呢？突然间，“家”这个概念就像在我的脑子里爆炸了一样。“家！”伴随着一阵狂喜，我把最后一个洗好的杯子放到架子上，“我要开始一个新的幸福计划，这次我要关注我的家！”我的大脑立刻被各式各样的关于家的想法塞满了。

我曾经完成了一个为期一年的幸福计划，在这一年中，我尝试着在生活的方方面面中寻找提升幸福感的办法并努力实践。有人告诉我说，所谓的“调查研究”其实是对自己内心的探索，而最好的学习方法是写一本与之相关的书。我完成了第一个计划并最终出版了《幸福哲学书》（*The Happiness Project*）一书。在那一年，我试图从生活的方方面面找寻幸福感；同时我也发现，虽然我的生活充满了细碎的快乐，但是我常常放纵自己纠结于鸡毛蒜皮的小事和莫名其妙的忧伤。我真心期盼自己能更加珍惜这美好的生活，并让生活更加多姿多彩。

为了能实现这个目标，我进行了详细的筹划：在那一年的 12 个月里，我赋予每个月一个主题（友情、工作、健康，等等），每个主题都伴有一系列切实可行的行动计划。我为了增强幸福感而制订的那些烦冗但有条理的计划对某些人（比如我的丈夫杰米）来说甚至有些可笑，但是这些计划对我而言确实奏效了。

我也愿意参考其他人更为激进的幸福计划，比如梭罗去瓦尔登湖隐居，或者作家伊丽莎白·吉尔伯特旅居印尼，但我更愿意从日常生活中发现幸福和快乐。我并没有不羁的灵魂——我每天都吃相同的食物，也不怎么出远门；我能想到的冒险顶多就是冬天不穿外套跑到外面去。而且，即便我制订了一个极富冒险性的幸福计划，我也不认为我能实现它。（对于我来说，即便只是离开曼哈顿过一个周末，我也会事无巨细地做好计划。）我有工作，有家庭，有持续增加的待办事宜，还有恋家的天性，鉴于此，搬家去巴黎或者攀登乞力马扎罗山一类的事应该不太适合我。相反，我打算在日常生活中发现更多的幸福。

在我的第一个幸福计划里，我尝试总结了一系列和幸福相关的规律。在这次的计划中，我会对这些规律加以应用。在我的设想中，这个野心勃勃的计划将囊括和家有关的一切，比如人际关系、财务、时间、身体和邻居。当然，也包括换掉那台坏了的烤面包机。

我关上了洗碗机，抓起印着凯蒂猫的便携记事本和一支笔，开始头脑风暴关于家的行动计划。

我不会等到新年才开始我的计划，我要马上开始实践。我决定下个月，也就是9月，就行动起来。9月也是新学年的开始，虽然我已经不是学生了，但9月对我来说一直象征着机遇和可能性。每年的劳动节[①]就像一个路标一样提醒我该进行自我评价、自我反省了，就像新年、重要亲友的生日、高中或者大学同学的聚会，以及我第一本书的出版纪念日一样。近年来，9月就像是妈妈们的奥林匹克运动会，我着急忙慌地填写各种健康表格、紧急联系人表格，置办各种文具。我真是手忙脚乱，已经不知道我究竟填了什么，交了什么，又买了什么了。

因为有两件特别的事情要发生，所以这一年的9月也会变成我家的

① 美国劳动节系每年9月的第一个周一。——译者注

里程碑。5 岁的埃莉诺要上幼儿园了，从此，她用手指画画、坐婴儿推车、睡午觉的权利将一去不复返。同时，11 岁的伊丽莎即将升入六年级，我们很快就要迎来与青春期有关的一系列棘手的事情，伊丽莎的童年时代就要结束了。这么看来，9 月也是我进行自我评价的好时机。

在接下来的一学年里，也就是从今年 9 月到明年 5 月，我要努力让家变得更温馨。首先，我要处理一些最简单的琐事：我要确认厨房水槽下面的手电筒和灭火器都还能用，我还得买个新的马桶搋子。除了这些最基本的任务，我还能做点儿什么呢?

列夫·托尔斯泰写道："幸福的家庭都是相似的，不幸的家庭各有各的不幸。"不论这句话是不是真理，至少它提出了幸福的家庭都有一些共同点。怎样做才能让我的家也拥有这些幸福家庭的共同点呢？这就是我要解答的核心问题。

我在第一个幸福计划中学到的重要一课，就是主动意识到我其实很幸福。生活一直在继续，我发现自己很容易就将日常生活中的幸福视作理所应当，并且忘记了到底什么才是最重要的。如今，我总会想起作家科莱特的话："我拥有多么美好的生活啊！我只希望我能更早认识到这一点。"我不愿在我垂垂老去或者深陷低谷的时候再去想："以前的我是那么幸福，要是当时我能意识到这一点就好了。"我拥有我想要的所有东西，我想通过更加珍惜这一切让我的家变得更幸福。

当我开始筹备这个新的幸福计划时，我意识到，除非我只把自己的设想限制在改造卧室的衣柜上，否则杰米、伊丽莎和埃莉诺都得加入这个计划。我的家也是他们的家，我做任何事情都会深深地影响他们。虽然我的确非常在乎他们的幸福感，但是我必须得专注于由我自己来执行的幸福计划上。也许我会在这一过程中分派任务给他们，以提升他们（还有我）的幸福感，但到最后，我能改变的只有我自己，而不是他们。

幸运的是，我觉得以我为主要改造对象的家庭幸福计划肯定能让家里的每个人都更开心。

在头脑风暴的过程中，我警告自己不要盲目地设计与家人的幸福感有所冲突的计划。我希望在家里表达更多的关爱，但并不以唠叨和指责为表现形式。我希望家里一尘不染，但我不会处理掉伊丽莎落满灰尘的毛绒玩具和杰米放在床边的书。对于每个想实践幸福计划的人，首要准则都应该是“不伤害”。也就是说，我不能让自己成为查尔斯·狄更斯笔下的杰利比夫人那样的人：把自己的快乐建立在家人的痛苦上。

在我飞速记下脑子里这些一闪而过的想法时，杰米走进厨房，径直走向他和孩子们下午一起烤的巧克力蛋糕。

我异常兴奋，摇晃着手里的记事本，看着杰米给自己切了很大一块蛋糕。我对他说：“我刚刚想到一个很棒的点子！我要开始另一个幸福计划了！”

“另一个？”他问。

“另一个！我从塞缪尔·约翰逊那里得到启发。他曾经写过：‘能在家感到幸福是一切雄心壮志的最终结果。’他说得没错，你觉得呢？”

“当然，”他笑了，“每个人都希望在家能感到幸福。不过，你不是已经很幸福了吗？”

“确实。”我说，“但我还能更幸福。”

“怎么可能？你已经有我这个完美的丈夫了。”

“这是事实！”我讨好地看着他，“即便如此，我还是能更幸福，我们都能更幸福！”

“问题是，”他表情严肃，同时嘴里塞满了蛋糕，“你已经做了所有让你有幸福感的事了，”他挥动着手中的叉子，“在你上一个幸福计划里。”

“正是如此，我觉得那些行动计划简直太有效了，所以我还想要另一个。”

“那好吧。”杰米端着盘子走向电视机。我一点儿不怪他没有好奇心。毕竟，我做这个新的幸福计划是为了我自己，虽然它必然会导向杰米的幸福感的提升。我再一次看了看手里的记事本。

在接下来的几周里，我反复思考了在之前的调研和实践中发现的有关幸福的悖论：

> 接受自己，并对自己抱有更多的期望。
>
> 自我约束，给自己自由。
>
> 在他人心情不好时，让他们快乐起来。
>
> 提前做好准备，以应对各种突发状况。
>
> 做得更少，得到更多。
>
> 幸福不会总是让我觉得开心。
>
> 有瑕疵的事物往往比完美无瑕的事物更完美。
>
> 让事情变得容易这件事本身往往是很困难的。
>
> 物欲其实源于灵魂的空虚。
>
> 痛苦来自你和他人的关系，幸福也是。

当然，我对我的家也有相互矛盾的愿景。美国建筑师弗兰克·劳埃德·赖特写道，“真正的家是人类最美好的理想。”这句话的关键在于“真正的”。对我来说，什么是“真正的家”呢？我的家应该能让我心情放松，也能让我充满斗志；它应该是个舒适安静的避难所，也应该充满了刺激和可能性。它能让我思考过去、现在和未来。它既是我展开独立思考的私人空间，也是我和朋友们交流联系的聚集地。它让我感觉安全，由此我才敢于去冒险。我非常喜欢家带给我的感觉，不论我去哪儿，我都愿意把家放在我的心上；同时，即便我足不出户，我也希望能在家里发现冒险和惊喜。我的家应该让我感到舒适，也让杰米、伊丽莎和埃莉诺感到舒适。不过，当我回顾我的这些想法时，我发现它们并不都是相互矛盾的——我的家可以既有浅水池又有跳水板。

我知道，我的家就像所有与幸福相关的事物一样，我只能基于自己的天性创建属于我自己的幸福生活。我最清晰地感受到解脱的时刻就是当我终于明白我家的装修风格（以及我穿的衣服和我听的音乐）不用反映“真实的”我的那一刻。类似于“你的家就是你灵魂的直接反映”或者“你每个选择都在向世界展示真正的你”这样的说法简直让我恐慌。我选择的靠枕反映了我的什么性格？我把房间漆成了紫色说明了我是个什么样的人？我真正的品味是什么？我对这些问题毫无概念。我忧虑于我是不是把事情做“对”了，这让我忘记了到底什么对我而言才是重要的。

终于，我意识到我的家并不用反映深层次的自我，我可以通过其他方式表达自己。只要我的家是一个愉快、舒适的住处（并且有绵延不绝的书架），这对我来说就已经足够了。有些人，比如我母亲，能从布置房子这件事获得极大的满足感，但我觉得做这件事很累。在这些类似的方面，我确信我表现不出什么真实的自己。事实上，有研究表明，我们为了“真实”付出了很大的代价。这个世界充满了选择，当我们需要在许多类似的选项中进行主动的选择时，我们就用掉了本可以用在其他事情上的脑力和精力。

当我不再纠结选一个能“最真实”地反映自己的茶几的时候，我便发现一个真正的家应该适合家里的每一个人，我需要协调好对每个人来说重要的元素。有个住在连排别墅的朋友向我提及，她最近又新建了一个日光室，我问她：“你家不是已经有足够大的空间了吗？”

“这不是空间的问题，而是光！”她说。“因为我家是连排别墅，只有前面和后面有窗户，屋里整天都很暗。我丈夫就喜欢这样暗暗的，但我喜欢阳光。之前我总在白天找借口出门，因为屋里缺少阳光，这让我感到不舒服。现在有了日光室，我真是幸福多了。”

另一位家里有四个孩子的朋友在公寓门厅安装了一套孩子攀爬用的绳子和扶手。一些爱动物的朋友选择不去清理房顶上的蜂巢。还有一位独居的朋友像宣示主权一样把地板和家具都涂成了白色。所以，关键在于谨慎专注地选择最适合我和我的家人的一切。

在真正开始这一次的幸福计划之前，我扪心自问：我为什么要费力做另一个幸福计划呢？一个不就够了吗？毕竟，如果我只是需要一个功能正常的烤面包机，那么我并不需要为此筹备一个全新的计划。我的第一个幸福计划的确极大地增强了我的幸福感。但是，我在做第一个计划的时候并没有这么犹豫过。

在所有尝试过的事情中，我最大的收获是我渐渐开始更加珍惜我已经拥有的幸福——比效仿一个精神楷模、组织儿童文学阅读小组或者开始写博客的效果都要好。去年，杰米一直被背痛折磨，但是今年疼痛没有复发。我妹妹伊丽莎白的I型糖尿病已经处于控制之下了。我的两个女儿也不再经常吵嘴，埃莉诺已经长大，不再有吓人的小脾气了。在循规蹈矩的日常生活中，记住什么是真正重要的是很难的，然而我的第一个幸福计划让我的生活充满了感恩和满足。

在我开始致力于探索幸福这个课题之后，我曾担心在尝试变得更幸福的过程中，我会变得自私或者失去方向。毕竟，我已经拥有幸福生活所需要的全部要素了。如果我还想更幸福，我岂不是太贪心了吗？在这个很多人还生活在苦难中的世界里，我还渴望变得更幸福是不是很不合适？什么是“幸福”，或者退一万步讲，我真的能让自己变得更幸福吗？

这些问题现在已经不再困扰我了。

当前的研究表明，有一些人会更加情绪化，更容易变得兴高采烈或郁郁寡欢；这些更加情绪化的人的想法和行动会影响他们的幸福感。幸福感中有 30%~50% 是由基因决定的，有 10%~20% 是由生活环境（比如年龄、性别、健康程度、婚姻状态、收入、职业）决定的；其余则是由我们的想法和行动决定的。通过主动地调整自己的行动和思维方式，我们有能力让自己在一定的幸福感值域里达到最好的状态。

虽然科学家和哲学家需要精准的定义（“幸福”有 15 个科学定义），但我还是愿意采用小说家或者时事评论员的做法，把“幸福”这个词的美好意义放大。这个美好的词可以包含很多意思，让我可以讨论那些科学上不那么合理，但的的确确是正确的幸福悖论，比如“幸福并不总是让你开心”，还有“承认他人心情不好，可能反而能让他们开心一点儿”。（更不用说“幸福”这个词比“频繁的正反馈”或者“主观幸福感”更朗朗上口。）当我真正感受到幸福时，我知道幸福是存在的；其他人也许认为幸福是感恩、赞许、满足或者安详，而幸福这个宽广的概念足以涵盖这一切。

“幸福”也许意味着最终的那个神奇的目的地，但开始一个幸福计划并不是试图在幸福评分上永远拿最高分——这个想法既不切实际，也不那么美好。我不是在追求完美的幸福，而是在试图变得更幸福——在现有的条件下达到最快乐的状态，并以此增强克服困难的能力。而且，在我看来，幸福的反义词是不幸福，而不是抑郁。抑郁是一种亟须被关注的痛苦状态，在负面的精神状态这个分类里占有一席之地。即便一个人不抑郁，甚至已经比较幸福了，他也能从尝试变得更加幸福的行动中获益匪浅。

研究表明，幸福是很多美好事情的原因和结果，比如美满的婚姻，更多的朋友，更健康的身体，事业有成（包括赚更多的钱），更多的精力，更好的自我控制能力，甚至更长的寿命。虽然有时候人们认为幸福是自我满足或者孤芳自赏，但真相其实恰恰相反。一般来说，幸福不会让人们想在海滩上开鸡尾酒派对，而是会让人们想去帮助生活在不发达地区的人们获得干净的水。我知道在我更幸福的时候我会笑得更多，大呼小叫得更少，并且在事情出错的时候表现得更冷静，比如当埃莉诺没有盖好笔帽就把笔放在垫子上，或者伊丽莎烫着了胳膊的时候。奥斯卡·王尔德写道："当我们幸福时，我们总是好的；但是当我们好的时候，我们未必幸福。"

现在，当我在构思这个以家为中心的新的幸福计划的时候，我面临着一个新的问题：我的生活条件应该影响我的幸福感吗？如果我的幸福感建立在足够稳固的基础上，可能我内心的平静就不会被脏兮兮的灶台或者女儿的吵闹声打乱了。

我没有纠结这个问题。虽然宗教和哲学都教导我们不要让外在的生存环境影响内心的幸福感，但在我看来，对于大多数人来说，环境确实会影响幸福感——对我来说更是如此。在我做这个幸福计划的时候，我要着重关注这个领域。虽然我确实想利用更舒适的家庭环境来强化我的幸福感（我也确实认为它的影响是不可避免的），我还是希望能尽量避免完全以它为基础建立幸福感。

在我的第一个幸福计划里，我费力地探求幸福感产生的基础，由此我找到了 4 条普适真理（制订幸福计划的一个意料之外的副作用，就是让我养成了为想法编号码做列表的习惯）。虽然把这些真理弄清楚是个费力的过程，但它们总结起来都很简单：

- 我需要在一个成长的氛围中，去思考感觉很好、感觉糟糕和感觉正确，如此才能收获幸福。

- 让自己幸福的最好方法之一是让其他人幸福；让其他人幸福的最好方法之一是自己先幸福。
- 一天很长，但一年很短。
- 除非我真觉得自己是幸福的，否则我不会感受到幸福。

我希望从这 4 条普适真理中得到启发，帮助我自己找到未来 9 个月需要努力完成的新计划。

第一，我怎样才能“感觉很好”？拥有更多的乐趣、更多的爱和更多的精力。为了感受幸福，只是消除负能量是不够的，还要开发正能量的源泉。在一次特别的经历里，如果我期待它的发生，尽情享受其中，表达自己的幸福感，并且回味幸福的记忆，那么我就能在这个过程中最大化我的幸福感，我也愿意实践这四个步骤以增加我的幸福感。

第二，怎样才能消除那些让我“感觉糟糕”的源头？那些让我感觉糟糕和坐立难安的地方便是我需要改变的地方。比如，我愿意和每位家人都维持更亲密的关系，并且为我们所有人营造一个更加舒适、平和的环境。

第三个要素，“感觉正确”，这个要素是最微妙的。“感觉正确”有关道德（尽职尽责、达到自己的标准），也有关过上适合我自己的生活（涉及职业、地点、家庭关系，等等）。有时候，选择“感觉正确”意味着接受一些“感觉糟糕”。幸福不是让我每时每刻都感到快乐；我不喜欢处理家人每年打流感疫苗的事，但是这个差事也会让我感到幸福。为了“感觉正确”，我得找到方法让我的家反映出我的价值观，同时确保我过上我想要的生活。我的日常生活应该能够反映出那些对我来说最重要的事情。

虽然我一开始低估了这个要素，但是第四个要素，“成长的氛围”，它的重要意义随着岁月的流逝变得越发鲜明。诗人叶芝写道：“幸福感既不是道德也不是愉悦，既不是这个也不是那个，它是成长。在我们成长的时候，我们才是幸福的。”相关研究也支持这一观点：努力完成目标的过程（也就是成长）能带来幸福感。我希望在我的家中营造成长的氛围：我会让我的家更加美好，运转正常，在其中我们能改正错误，消除误会，开阔视野，做自己的主人。

但由于这 4 条普适真理不是一个切实可行的行动计划，所以我需要给自己的家庭幸福计划安排一些“作业”。

当然，制订计划简单轻松，坚持执行计划则很难。大概 44% 的美国人都会制订新年计划（包括我），但是 80% 的新年计划大概在当年的 2 月中旬就被放弃了。许多人年复一年地制订计划，然后又一遍遍地放弃它们。

坚持执行计划的一个要诀是经常性地审视自己，这个方法至少对我有用。在我做第一个幸福计划时，我做了个计划表；我会时常回顾这个计划表并且记录自己的进展。借助这个计划表，我可以检查自己当月每一天的计划完成情况。我这个方法借用了本杰明·富兰克林的道德计划表的设计理念。富兰克林曾以周为单位，一步一步地去实现他想要拥有的 13 种美德。这张计划表帮助我增强了自己的自制能力。“知道我应该做什么”和“我实际在做什么”是两件截然不同的事情。比如说，谁能比医生更爱强调健康饮食和锻炼的重要性？但超过一半的医生都有超重的问题。

而且，这个计划表能迫使我制订更具体的行动计划。相比那些含糊不清的计划，诸如“把家里弄得更舒适”或者“在陪孩子们时表现得更欢乐些”，我们更容易针对具体的计划评价自己的完成情况。但是这些具体的行动计划是什么呢?

对于我来说，让家变得更幸福并不意味着挂更多的装饰画或者换掉那个我从来都不喜欢的餐桌。培养觉知和自知之明比买东西和完成差事更重要。我希望把威廉·莫里斯的想法付诸实践："幸福的奥秘就是对生活中的所有细节都抱有真正的兴趣。""从9月（9月是另一个1月）开始，我已经准备好做一个一学年的计划表，但哪九个方面是我应该关注的呢?

古代哲学家和当代的科学家都同意一个真理（这可能也是唯一的真理），即和其他人建立良好的关系会带来幸福感。我家的核心就是我和杰米、伊丽莎、埃莉诺以及其他亲人的关系，所以，我决定进一步讨论"婚姻"、"为人父母"和"家庭"。

个人的控制感也是幸福的一个基本要素，相比较于收入，它是幸福感更准确的预测指标。在家，我对物欲的控制能给我带来莫大的幸福感，我对时间的控制也会产生类似的效果，所以我要探讨"财富"和"时间"。

我的幸福感很大程度上取决于我的心态，所以我增加了"内在设计"（这里是指自省，而不是装修杂志说的室内设计）。同时，我知道我的生理体验会影响我的情绪体验，所以我增加了"身体"。还有什么呢?我的家在这个世界中的物理位置也是很重要的，所以我增加了"环境"。

对于学年的最后一个月，我想专门讨论一下我的第3条普适真理："一天很长，但一年很短。"这条幸福真理对我的家庭生活来说别有意味，因为女儿们的童年转瞬即逝，我希望自己记住"现在"。

在忙于制订未来9个月的计划的间隙，我带埃莉诺参加了一个孩子的5岁生日派对。当孩子们在一旁追逐嬉戏，而我则在止不住地吃巧克力包裹的椒盐脆饼时，另一个妈妈和我谈论起了工作。我一边留意着在平衡木上尝试新技巧的埃莉诺，一边提到了我在制订的新计划。我的新朋友颇有疑虑地说："你的幸福感听起来需要付出许多努力才能获得。对我来说，冥想让我改变了很多，你试过冥想吗？"

我为自己没有尝试过冥想而略感伤感——我一次也没有尝试过冥想这个事实会不会让我听起来显得无可救药？"嗯，确实没有。"我承认了。

"你应该试试，这很有必要。如果一天里我不冥想30分钟，那我简直会疯掉。"

我不确定她这个想法是不是一种心智正常的反应，我回答："我觉得改变我的行动比改变我的想法重要得多。"

"你以后就会理解，找到内心的平静比完成一大堆小任务重要得多。如果你真的想发表一些关于幸福的言论，那么你一定要先尝试冥想。"

"嗯。"我试着让自己听起来不置可否。但我的回答可能还是过于尖锐了，"我时常提醒我自己，让我开心的事情不一定能让其他人开心，反之亦然。"（事实上，在说到幸福相关的话题时，我总是会太较真了。）终于，吃比萨的时间到了。

在8月底的一个下午，一个闪念让我终于能清楚地回答这个长久萦绕在我心头的问题："我准备好了吗？"几年前，我当时还在写一个法律专栏，我在一篇文章中提道，侵权法就是要我们在明明知道"有些事情会发生"的情况下，心理上有个安慰。而我突然发现，我的幸福计划就是另一种掌控生活的尝试，它让我确保自己是有纪律的、有计划的、有充足休息时间的——我的电话有电，我的药箱里有药，而这一切让我有能力面对随时可能出现的可怕的、莫名的不安。意外总会发生，我准备好了吗？

不论灾难什么时候发生（它几乎肯定会发生），我都希望自己能做好充分的准备，而新的幸福计划能帮助我做到这一点。我急切地希望，我能做一些事情让我的占有欲不那么强，让我有更好的人际关系，让我能够更合理地利用时间，让我能够更好地控制自己。当我走在小区里，心里装着我在新学年需要完成的幸福计划时，我的心情就像这夏末的天气：空气中蕴含着新的开始和种种可能性，还有那么一点点凉意预示着冬天即将到来。我不能再浪费时间了。

假期结束了，而结束意味着新的开始。9 月来了。

|第1章|

财富　大道至简

我们需要把自己投射在我们周围的事情上。自我并不局限于我的身体，它还包括我做的所有事情以及我周围的事物。没有这些，我就不是我自己。

——卡尔·荣格（Carl Jung）

- 创建属于自己的圣地
- 逐一清理
- 阅读说明书

9月曾经是收获的季节，现在则是充满希望的季节[①],9月对我来说一直是里程碑式的一个月，今年的9月更是有特别的意义：开学一周后，伊丽莎开始自己一个人上下学。虽然学校离家没有多远，但我和杰米还是为她第一次独自出门而紧张。伊丽莎倒是为此兴奋不已。这个改变对我来说是苦涩的，因为我非常怀念和她一起走路上学的时光。

我安慰自己，埃莉诺才刚上幼儿园，我还能陪她走好几年。今年5月，在埃莉诺即将离开托儿所时，她看起来比其他孩子都大，但是在幼儿园里，她看起来又是那么小。当我送她进入新教室的时候，我立即喜欢上了那些用美工纸做的装饰品、积木玩具、道具服，还有一整排仔细

① 原文中，作者用的是 *la rentrée*，该法语词意为“9月”，也指机会、乐观和回归。——译者注

编号的小房间，我已经开始为再次的离别而多愁善感起来了。

当我考虑怎样在家里感觉更幸福时，我最先想到的是伊丽莎、埃莉诺和杰米。对我来说，家中的所有物和装修设计远不如家里住的人重要，但家这个内涵丰富的词也包含了其所在的物理空间与我和家人的物质财富。我决定用“财富”这个主题来开始我的幸福计划，并不是因为我认为家中的物质财富是家最重要的一方面（它确实不是最重要的），而是因为我知道在很多情况下，它会阻碍我的视野，成为我的负担。在我面对那些更核心的挑战，比如“婚姻”、“为人父母”和“家庭”这些主题之前，我想要增强自己对物质财富的控制感。

我的主题是“财富”，但其范围并不涵盖家具、壁纸、浴室瓷砖或者公寓里其他一成不变的方面。虽然我知道很多人非常热衷于讨论家装，但我从来没有特别关注过室内设计，比如窗帘、灶台或者其他什么，直到我读到《模式语言》（*A Pattern Language*）这本发人深省的书。建筑大师克里斯托弗·亚历山大和他的团队定义了 253 种“模式”，这些模式在让人们感觉愉悦的建筑中反复出现。在我读到这些模式之后，我第一次开始幻想我的“理想之家”，它应用了多种模式，比如“朝东的卧室”、“像舞台的楼梯”、“草木茂盛的花园”、“壁炉”还有“面向街道的秘密阳台”。这些我都想要。亚历山大对各种建筑模式的描述让我如痴如醉，不过我们现有的公寓里要么只有一些基本的元素，比如“飘窗”或者“阳光柜橱”；要么，在大多数情况下，什么元素都没有。所以，在讨论财富的这一个月，我将讨论范围限定在公寓中的可移动物体上。

在广义的幸福概念下，所有物或者财富的多少和幸福的关系一直是一个热门的话题。人们通常辩论说物质财富不会，或者说不应该对幸福有很大的影响，但我觉得不是这样。

有些研究表明，花钱买体验比花钱买东西更能带来幸福感，但是体验和物质财富之间的界限并不是那么分明。最新款的滑雪板能带来更好的滑雪体验，一条新裙子能促使你出门会见朋友。照相机能为记忆保鲜，它是一个大号的幸福加速器。而你的宠物狗既是你的物质财富，也是一种经历，更代表着一段感情。对于很多完美的经历而言，物质都是必要的，或者至少起到了促进作用。如果有个好帐篷，那露营就简单多了；如果有很棒的布置，那万圣节舞会也会更有意思。挑选明信片为旅行增添了乐趣，而挑选合适的装备本身就是享受飞钓乐趣的一部分。对很多人来说，购物本身就是一件愉悦身心的事情，获得物品是快乐的一部分，但不是快乐的全部。

人们的物欲会随着时间流逝而改变。一个朋友告诉我，“多年来，我一直特别喜欢那种只需要一个下午就能把家里的所有东西装车拉走的感觉。”

“就像是电影《性、谎言和录像带》里说‘我就喜欢只有一把钥匙’的那个人。”我说。

“就是这样！我感觉特别自由，好像可以做任何事情、去任何地方。”

“你现在还这么想吗？”

“不。”他说。“时过境迁，我想要拥有更多的东西。我依然是单身，我想怎么生活就怎么生活，但我还是想在一个地方安家，让我拥有的一切都环绕包围着我。”

我们经常否认物品的重要性，或者为自己的物欲而羞愧，但是这种占有欲深深扎根在人的本性里。“虽然世界上的确存在少数几种文化，其中占有权的概念被淡化，或者根本不存在，”心理学家盖尔·斯凯特和兰迪·弗罗斯特在《东西》（*Stuff*）一书中说道，“但在大多数文化中，人和他们的物质财富的关系是生活的核心。”

当然，很多文化倡导对物质财富不执着，甚至断舍离。的确，物质财富，或者对物质财富的占有欲，有时可能会破坏幸福感；而且有些人在所有物很少的时候反而更快乐。我曾经和一个 23 岁的青年进行了一次长谈，他试图说服我，如果我只保留一个背包就能装得下的所有物，我会快乐得多。“你不知道我现在有多么平静，我基本上把所有外物都抛弃了。”他非常诚恳地说，“这就是幸福的答案。”

“那是对你。”我边笑边说，“但这不是所有人的答案。”

我知道物质财富有它自己的作用。事实上，我这个月的目标之一就是从我的物质财富中挖掘出更多的幸福。

事实上，你所拥有的一切既会给你带来幸福，也会给你带来不幸。爱——对人，对物，对一个地方，对一只动物，对一幢房子，对任何事——会让我们因为失去而痛苦。这是不可避免的。我们可以通过削减甚至舍弃全部的物质财富来减轻痛苦，但是，有得必有失。我希望珍爱拥有的一切，同时不被物质束缚。

在有关物质财富和消费的持续争论中，我经常听到有人说：“这真的很糟糕，人们都太注重物质了。他们以为金钱和购物能让他们幸福，但事实并非如此。”

这个说法包括不止一个含义。第一个含义是“钱不能买来快乐”。诚然，钱不能直接买来快乐，但如果你合理地花钱，钱就能买来使你更快乐的东西。人们最大的忧虑通常包括财务危机、健康问题、工作不稳定，还有不得不做的生活琐事，而钱能帮助人们解决这些问题。钱能帮助我们和其他人保持亲密的关系，而后者很可能是通往幸福的唯一捷径。钱能帮助我们支持符合我们个人信念的事业，帮助我们做能带来幸福的事情，比如抚养子女、种花植草或者度假旅行。

第二个含义是很多人“都太注重物质”，也就是说，他们太在意自己拥有多少物质财富并且热衷于到处炫耀。注重物质的人倾向于对物质的能量抱有不切实际的期待，他们试图用物质财富来定义自己，抬高自己的地位，或者让自己更快乐。研究表明，有强烈物欲的人并没有那么快乐，虽然现在还不清楚是物欲让他们不快乐，还是正因为他们不快乐所以才有强烈的物欲。

然而，在一些情况下，“物质性的”行为的背后隐藏着其他原因。炫耀性消费的观点无法解释每一次不必要的购买。比如，我有个朋友总会在第一时间购买最新的高科技产品——不是为了炫耀他能买得起，而是为了满足他自己对科技的幻想。衣服这个话题更复杂。一些人喜欢美丽的衣服不仅仅是为了向其他人展示，虽然这可能也是原因的一部分。弗吉尼亚·伍尔芙在日记里写道：“下次我有写作冲动时，我一定会写我的衣服。我对衣物的热爱激发了我的探索欲；如果这不是爱，那么我一定要弄明白这到底是什么。”这种爱是单纯“物质性的”吗？

不管是好还是坏，买东西（以及给它们拍照、分类、写评论）都是人们和这个世界交流的方式之一。当我们对某些事物产生兴趣时，我们经常会通过研究、浏览、消费、收集等行为来表达这种情绪。喜欢艺术的人爱去博物馆，但是当他们买得起的时候，他们通常也会想自己收藏一些艺术品。喜欢做饭的人爱买厨具和来自异域的调料。最新的运动装备和老款的其实没什么大区别，但热爱运动的人还是会买。我们渴望购买和拥有我们喜爱的东西，即使这些东西不是必需品。我总是时不时地去读《富兰克林传》，虽然我家附近的图书馆里有两本，但我还是想要买一本。当我们拥有一些物品时，我们就想向其他人展示、分享，这种行为也一定是“物质的”吗？

很多珍贵物品的价值所在，并不是它们很贵或很稀有，而是它们承载的意义，它们可以是廉价的装饰品、手工做的东西、一本看了很多遍的书、旧照片或者四处搜集来的小玩意儿。（一个人去世之后，他的所有物所蕴含的价值也会随之消逝，这件事想想很奇怪：很多有用的家常物件儿，比如衣服、洗碗布，或者一些私人信件，一下子就变得和垃圾没什么两样了。）

我们经常试图否认物质财富的重要性，我们不愿意让自己看起来很物质，我们往往不会花费足够的时间和精力去思考如何用物品增强自己的幸福感——至少我不会。但我拥有的物品的确对我家的氛围有很大的影响，它们反映了我的自我认知。

如果你只有很少的物质财富，那么你会不会更快乐呢？有可能。一个人如果一无所有，他会不会反而更幸福呢？有可能。但对大多数人（包括我）来说，精挑细选的物品是幸福的催化剂。

物质财富对于幸福感有其特定的影响，但是每当我去书店，打开电视，或者翻开报纸或杂志时，我都能听到这样的话："你的东西越少，你就越幸福！"不论什么时候我和别人谈论起这个有关家庭的幸福计划，我总能听到类似的回答："噢，我需要简化我的生活。"

历史上很多伟人都提倡化繁为简。梭罗说："我们的生活全被处理琐事占据了……简化，简化，简化！"这种对于简单的向往又强烈又复杂，它需要一个专用词来形容，类似"Nostalgie De La Boue"（对泥浆的向往），或者"わびさび"（朴素又安静的事物）。当我在博客上问有没有人知道一个词能恰如其分地描述这个想法时，一位读者抛出了一个完美的词——"瓦尔登情结"。这种情结有好几种形态：对无拘无束带来的自由的幻想；对纯粹、简单的旧时光的怀念；对那种被认为是更真实、更贴近自然的原始状态的敬畏。

我经常渴望从对物质财富的所有权的束缚中逃离，我想把抽屉里所有的东西都倒到垃圾桶里，而不是强忍着烦躁在这些东西中筛选好坏。我有时看到很美、很有用的东西却不想买，因为我不愿意承担拥有一件新的物品的责任。多年前，当我经过加州一个无名小镇的便利店门口的停车场时，我曾幻想过放弃一切——我所有的财富、感情、野心，然后无牵无挂地消失。我还会在意我的鹅毛被子吗？我已经和破衣烂衫的吉卜赛人一起流浪了。[①] 有时候，我会产生一种阴暗的想法：太爱一件物品以至于要把它毁掉，如此一来我就可以获得解脱，不用再害怕失去它了。我曾经对自己的这个冲动感到非常困惑，为此我写了《亵渎浪费》（*Profane Waste*）这本书。

我的一位朋友也曾遭遇过瓦尔登情结。一次，他去父母家收拾他留在那里的整整 20 箱东西。“我知道这么说很糟糕，但是我真希望突然来场大火或者洪水把这些东西都毁了，”他悲哀地说，“那样我就不用收拾了。我恨透了处理这些东西。”

“那你为什么要收拾呢？”

“我父母觉得那些东西太占地方了。我答应过我只是暂时把箱子放在那里让他们保管，但是现在已经一年了。”

“如果你一年都不需要用这些东西，那么它们可能没那么重要。”我说。“与其寄希望于大火，你不如直接把这些箱子扔了，你没必要整理它们。”

“不行，我做不到。”他摇头。“即使不想要它们，我也不能就这么把它们都扔了。”

---

① 这句话源于苏格兰南部的一首民歌（*The Raggle Taggle Gypsy*）。这首歌大意是讲，一个女人抛弃奢华的生活和吉卜赛人去流浪。——译者注

我点头。我明白他对那些落满灰尘的箱子的依恋。即便那些箱子已经被忽视、遗忘了很久，它们仍然在某种意义上承载着他本身或者他的过去。正因如此，他没办法把箱子不顾一切地直接丢弃。

在过去的几年里，我在处理杂物这方面有了长足的进展，但我依然没有彻底摆脱那些杂物。那些没太大用的物件儿令人烦扰，购买、使用、维护、储存甚至扔掉它们消耗了我大量的时间和精力。

此外，虽然我希望简化生活，但我也担心自己太沉迷于这种一切从简的心态。当然，断舍离的理念并不仅仅是清理物品，即便如此，我还是看到了我的渴望中埋藏的危险；我不愿意被这种心态诱惑，以致放弃太多。

我的幸福计划的第一准则是“做自己”。“做自己”的一个重要方法是，不要认为其他人努力培养的品德也是我需要培养的。其他人尽力存钱，而我逼迫自己去花钱；其他人试图更努力地工作，而我想让自己花更多的时间享受生活；其他人喜欢简约，而我必须抑制自己过分简化的冲动——不是经过深思熟虑后的简化，而是从冷漠、忽视中产生的简化冲动。

我的内心深处常有一种倦怠感，我总是要遏制自己“什么都不做”的冲动。如果我不需要去考虑杰米和女儿们，如果没有母亲的谆谆教导，那么我现在一定住在一个没有隔间的小屋里，只有光秃秃的墙壁，弯曲的百叶窗，和随便放在地板上的靠垫。对一些人来说，简单朴素的生活可能非常诱人，甚至值得赞美，但我并不这么想。就我自己而言，我会过的那种简朴的生活，只是一种出于逃避和冷漠的简朴，而不是那种包含美丽的留白或者出于自愿的朴素的简朴。

我一直都是这样。大学毕业之后，我和三个朋友一起住在华盛顿特区的一幢房子里。一年后，有一个舍友善意地提醒我说：“和你住在一起的问题是，你的东西不增不减。你从来不会把家里弄得一团糟，但是也不会带点心回来和我们分享，或是在网络出问题的时候主动报修。”她说得太对了，以至于她指出我的问题的时候都没有伤害到我的感情。

我总是告诫自己“保持简单”。但是，就像爱因斯坦指出的，“每件事都应该尽可能保持最简单的状态，但是不能进一步简单了。”在埃莉诺的开学派对上，我让她给大家带了一次性的纸盘子，而不是自家烤的蛋糕，我为自己的这个决定感到开心；但是“保持简单”并不总是正确的对策。很多增强幸福感的事情也会让我的生活变得更复杂，比如养育孩子，学着在我的个人网站上加视频，参加在城外举办的婚礼。如果过度追求简单，那么“保持简单”的冲动就会让我的生活变得十分匮乏。塞缪尔·约翰逊说：“生活本来就已经衣衫褴褛了，所以我们在剥去她的衣服时要更慎重一些。”

我曾经问一个朋友什么东西能让她开心，她回答说，“小狗和鲜花”。小狗和鲜花！尽管这两样东西众所周知能增强人的幸福感，但我从来没有想过把它们带回家——我不想要宠物，也不想要室内植物，因为它们都需要花费我太多的精力去照顾。我从来不期盼出门旅行，因为有太多细节需要仔细计划。我很想去参加娱乐活动，但是几乎从来没有付诸过实践，因为太麻烦了。

在家里，我需要简单、充足的空间和秩序带来的平和，但是我得抑制自己把冰箱里所有的东西都扔掉的冲动。我希望自己保持一种富足和充满可能性的感觉：身边有我喜欢的物件儿，有充足的必需品储备，以及某种奢华带来的混乱。我保存一个装苏打饼干的锡铁盒子已经六年了，仅仅是因为我喜欢它的颜色和形状。

培养正确的对于物质财富的态度，并不仅仅关乎简单的整理、清除或者积累，关键在于培养一种良性的互动。当我和我的物品发生互动时，我的生活因为它们而跃动；而当我失去了和物品的互动时，我就感到它们变成了一种负累。我对简约的渴望不是出于我有太多我喜欢的东西，而是出于恐惧我的生活会被一堆没意义的物件儿（或者关系或活动）打乱。因为我拥有很多自己不喜欢或不需要的东西，所以我感觉如果东西少一些的话我会更开心。重要的不是物品的数量，而是我和物品的互动。我拥有越多我用不着的东西，我就越感觉空间逼仄。

我们和物品的互动有两种形式。

第一种互动以使用为表现形式。一方面，如果我经常使用某些物品，比如我经常穿那件紫色的大衣，用那个旅行手包装东西，查那本地铁线路图，我就会觉得我和这些物品有互动。另一方面，被忽视的那些物品则让我产生负罪感和被包围感。我从来不穿的那双不合脚的靴子，我们从来不玩儿的那套纸牌游戏，还有从来没有拿出过橱柜的那套昂贵的瓷器——虽然它们只是一些精美的物品，但我总觉得它们仿佛在角落中责备我。还有那些坏掉的东西、不再适合我的东西，或者我从来不知道该怎么操作的东西。

第二种互动以回忆为表现形式。我家有个架子，上面存放着我女儿在托儿所做的书，书被里面用胶水粘成团的生意大利通心粉和棉花球撑得膨胀起来；每次我经过这个架子，我总能在记忆深处找到那些温柔的日子。我家的橱柜里有三个用于制造齿轮的木头模子，它们是母亲在我们刚搬到这里时送给我们的。虽然这些木头模子是工厂的废弃品，但是这些旧木头有着非常美丽的颜色和舒适的手感，我每次看到它们都会很开心。

为了让家变成一个舒适又有活力的地方，仅仅清理东西是不够的。“平淡不一定是简约。”弗兰克·劳埃德·赖特提醒我们，“因此，清理物品并不比添置物品更有意义，在大多数现实情况下也的确如此。我们需要对简约的概念有更深入的理解，才能知道要扔掉什么，要保存什么，在什么地点要怎么做。”

我的目标是清理不重要的东西，然后腾出空间给重要的东西。9 月，我接受了两个相辅相成的任务：一是甄别、整理并聚焦于有意义的物品；二是清除没意义的物品。

我试了三支笔才找到一支能用的，不过我一找到这支笔（然后扔掉了另外两支），就立刻在任务表的第一页写下我接下来的行动计划。为了凸显有价值的物品，我决定实行“创建属于自己的圣地”这项行动计划；作为平衡，为了摆脱我不想要的东西，我将实行“逐一清理”这项行动计划；为了增强我和那些不常用物品的互动，比如那些我不知道怎么操作但十分有用的设备，我决定实行“阅读说明书”这项行动计划。

当我思考我的家和我的物质财富的时候，《圣经》上的一句话跳进我的脑海。耶稣说：“因为你的财宝在那里，你的心也在那里。”[①] 我力求更了解我的心和我的财宝之间的关系。

创建属于自己的圣地

在“创建属于自己的圣地”这项行动计划中，我希望把我家中的某些空间转化成一些能产生强烈互动的地方。我有个朋友把家布置得像高档宾馆一样，他的家非常吸引人，但是毫无个性，完全不像一个家。而我希望让我的家更像一个家。

---

① 见马太福音 6–21。本处使用简体中文和合本的翻译。——译者注

这个方案是埃莉诺启发我的。我家里，那些被她称为“她的地盘”的小地方——窗台上，她卧室的门后面，杰米桌子旁的台阶上，她的床头柜上，都堆满了她的“收藏品”。她仔细地布置了每一个收藏品展示台，上面有陶瓷茶杯、公主人偶、蜡笔、撕碎的面巾纸、过家家用的玩具食物、有香味的唇膏、塑料电话，还有各种闪闪发光的小摆设。对于不知情的人来说，这些地方看起来杂乱无章，但是埃莉诺对每件东西都有印象，如果任何人动了其中一件东西，我们马上就能听到她的尖叫声：“谁拿了我放在门后面的小叮当玩偶？”我有时会听到她嘟囔：“我需要那个里面有北极熊的跳跳球。”然后，她就会瞬间蹿出去从那堆看起来混乱不堪的杂物中翻出那个跳跳球。她一个人能在她的这些地盘玩上好几个小时——自言自语，在屋子里跑来跑去，摆弄她的收藏品。

“这不会把你逼疯吗？你看看这里一团糟！”有天早上，杰米在上班之前，指着堆满东西的窗台问我。“她必须把她的东西收好，到处都是她的东西。”

“我知道很乱，但是她真的会在这些地方玩耍。”我回答。“如果我们还能忍受，只要她还在玩，我们就应该让她留着这些东西。”

把属于自己的地盘叫作“圣地”可能听起来有点儿过于浮夸了，但是这个词能帮助我更热情地完成计划：创建属于自己的圣地比清扫房间听起来有意思得多。我所说的“圣地”，并不是指那种有蜡烛、鲜花和雕像的佛龛，而是埃莉诺那样的，一个能将我的激情、兴趣和价值观更鲜活地展示出来的地方。圣地是需要悉心布置的。圣地激励人们用特定的情绪做特定的活动。它是奉献的标志。

有些日常活动区域很自然地就成了一个充满互动的地方。研究表明，不论房子多大，人们花在厨房周围的时间都是最多的；人们常会聚集在厨房、餐桌或客厅里。大家已经把大量的注意力放在了餐桌、电视和电脑上，因此我希望能把家里的其他区域变得更加重要和美丽。

每当我看到那些有意义的物件儿，我就感觉到自己被朋友或是美好的回忆包围着。伊莱娜·斯卡里在《疼痛中的身体》(*The Body in Pain*)中写道："也许所有对工艺品仔细观察过的人都会认同，这些工艺品即便没有生命，也是有灵性的。"我挚爱的物件儿常能带给我真正的安慰。

我想以建立家庭圣地作为本月计划的开始。而对于这个圣地而言，相片是最重要的。为了在某段经历中获取最大的幸福感，我们需要期待它的发生，尽情享受其中，表达我们的幸福感，并回顾这段幸福的记忆。相片对于唤起幸福的回忆非常有帮助。85% 的成年人会把相片或者纪念品放在他们的钱包里或者办公桌上，而在家中陈设大量的相片也是家庭幸福的象征。

我们的公寓里有好几个地方已经摆放了一些相片，但我还没来得及给新的相片装裱相框。我不喜欢做这些琐事，但拖延了一段时间之后，我还是拿了几张相片去附近的装裱店挑选了合适的相框。我把架子上已经有的相片摆放得更漂亮，把一些被遮挡的相片移到了更显眼的位置上。这些相片对我家来说是一个"常驻景观"，我们通常会漫不经心地走过它们。那么，我怎么才能让家人注意到这些相片呢？我突发奇想：不如弄一个假日照片墙！

我家已经有一个"相片走廊"了：每年万圣节，我都会把往年女儿们在万圣节穿着奇装异服的照片展示出来。这个万圣节系列照片墙是一个绝佳的季节性装饰，也因为这些相片并不是总在外面陈列着，所以我们会给予它们特别的关注。

这次，我准备用往年的家庭情人节卡片作为素材制作我们的第二个照片墙。(因为 12 月琐事繁重，我家不是在冬天，而是在每年 2 月寄出家庭情人节卡片的。）在接下来的几天，我翻出往年的卡片，其中的每一张都带着满满的回忆：5 岁的伊丽莎穿着有樱桃装饰的蓝色裙子转圈圈，在她的衣服里我最喜欢这条裙子。在我妹妹伊丽莎白的婚礼上，伊丽莎和埃莉诺穿着花朵形状的礼服；伊丽莎把埃莉诺举高，她们都穿着芭蕾裙。

在搜集好了这些旧卡片之后，我费尽力气逼迫自己回到那个装裱店（我真不喜欢这个差事），并最终给每张相片都配上了粉色、红色或者白色的相框。我把它们摆在架子上，后退一步看看效果——真是太美了！虽然每年 2 月我才会把这些挚爱的相片摆出来，但比起长时间的陈列，短时间的展示能让我们更珍惜这些照片的存在。

接下来，我想再找到一些像相片这样能强烈地提醒我家人的存在的物品。在一个不常用的橱柜里，我找到了一个瓷制的粉红色火烈鸟，这是我祖母去世后，我从她家拿回来的纪念物。虽然听起来有点儿奇怪，但是小时候我非常喜爱这个小摆设，所以我觉得它值得永久保存。我把它放在书架上，和祖母多年前给我的玻璃制的青鸟摆设（巧合的是，青鸟正是幸福的象征）放在一起。我看着这两尊鸟的小雕像，感觉它们仿佛是我和我挚爱的祖父母之间的感情凝聚而成的一样。物品的力量并不取决于它们的大小；事实上，比起含义不清的物品大拼盘，一些精挑细选的小物件儿反而能更好地唤起我的记忆。火烈鸟和青鸟把关于我祖父母的记忆带了回来，包括在内布拉斯加州的暑假旅行，还有堡迪科的味道——我不需要更多了。

什么是我的下一个圣地呢？除了家人，我最珍爱的所有物是我的笔记本电脑，它是生活和娱乐必不可缺的工具，它是我最忠实的朋友。它对我来说不仅是一个机器，我爱它就像爱一条小狗，或者爱一个有特殊意义的毛绒玩具一样。

我的笔记本电脑被我放在办公桌上，而办公桌是我家的核心物件儿之一，就像是壁炉、婚床或者餐桌一样。因为我的书桌占据了我的小办公室的大部分地方，于是我决定把整间屋子变成一个工作圣地。

我热爱工作，所以我爱我的办公室，但是这间屋子本身并不特别，我从来没有尝试过把它变得美丽或者独特，比如，它的棕橙色墙壁简直太单调了，而且这间房子太小了，只能勉强放进一个内置办公桌和一把小椅子，但我从来没想过要去改造一番。（“保持简洁”，我们搬进来的时候就这么想。）

现在，我决定把我的办公室布置得更像一个圣地，毕竟我在办公室里花掉的我醒着的时间远比在其他屋子里的多。埃克塞特大学的一项研究表明，对办公室装修有决定权的人在工作时会更开心、更有动力、更健康，而且效率要高出 32%。当我在家工作时，我没几分钟就要去一趟洗手间，喝点儿水，更经常的是吃点儿零食。而一个更加舒适、诱人的办公室能帮助我培养久坐的定力，这是每个专职作家必须具备的能力。

我从门口审视整间屋子。我不介意我的办公室很小（除了我不能在里面多放一台我非常想要的跑步机这一点让我不太满意以外），但是最近我觉得它让我没动力——虽然它看上去比较整齐，但是整个空间仍然显得有些逼仄。

于是，首先，我把大量的文件夹都收进我桌子上面的架子。我本想保存一些有关我给最高法院法官桑德拉·戴·奥康纳做实习助理和我在美国联邦通信委员会工作时的文件，以及一些我为没有完成的书搜集的资料，但是这些东西都可以放在一个不碍事的柜子里。

接下来，我着手整理那几摞乱糟糟的装办公用品的盒子。我合并了一些盒子来节省空间，又买了两个漂亮的纸盒子来装小型的办公用品，之后，我还把多余的打印纸按侧边的标签码放整齐。有好几个星期，我都计划去买笔，因为我在需要用笔的时候总是一支能用的都找不到，结果在整理时，我在一个抽屉里发现了15支笔。

在完成阶段性的整理和清洁之后，整间屋子看起来更宽敞了，而且我清楚地知道我有什么办公用品。这个新的井然有序的环境让我在坐下来工作的时候更能保持精力集中和内心平静。我还能再做些什么让这间屋子变得更像一个圣地呢？

我理想中的办公室要能看得见风景。研究表明，自然景观，甚至仅仅是自然景观的画都能促使大学生更加专注地复习考试，让手术病人恢复得更快。另外，鲜花也有助于病人的术后恢复。监狱里，能看到自然景观的犯人比那些看不见景观的犯人报病率更低。虽然我的办公室有充足的光线（这在纽约市已经弥足珍贵了），但是从窗子看出去，我的眼前只有对面楼黑色的屋顶和两个空调室外机。

有研究说，人们用宏伟的自然景观装饰墙壁是再普通不过的事情了，特别是那些在没有窗户的屋子里生活的人。好吧，也许我可以挂张海滩或者森林溪流的照片。

我心不在焉地凝视着光秃秃的墙面，脑中灵光一现：我可以给墙壁重新刷漆。我一直喜欢漆墙壁、漆家具；一次在朋友家吃晚饭，我很羡慕他们家走廊墙壁上漆着的开花的大树，当时我就想着，也许我也能在我的墙上漆点儿什么。但反对声迅速涌入我的脑海：“保持简洁！”“谁愿意为了漆墙壁打电话，做预约，做决定？”“为什么要在你的办公室上花钱？”“你应该工作！”

不，我坚定地告诉自己，我要建立一个工作圣地。于是，我给朋友发邮件询问有关漆墙壁的事。结果，比我预想的早得多，美丽的紫藤很快便爬满了办公室的墙壁。让我惊喜的是，重新漆过墙后的屋子看起来美多了。我以前从来不介意墙上没有装饰这个事实，我本以为简洁的装修风格能让我冷静，但是我的办公室在开花的枝蔓和鸣唱的蜂鸟的装饰下更加令人愉悦了。

这件事告诉我，当我因为一个想法而激动不已时，实现这个想法就会变得比较容易，而且我的行动也会更加积极。当我不是那么热衷于一个想法时，实现想法的过程就会变得很无趣，而且我也会拖延怠慢。如果我迫使自己去为一个森林景观的照片配相框，那可能直到现在这件事也不会有任何进展。

我满足地审视着我的办公室——现在它是一个工作圣地了。我满心欢喜地看着我的镇纸，这是杰米送给我的礼物。当我做笔记的时候，我可以把镇纸放在书上，让书保持打开的状态。我基本上每天都要用上这个镇纸，它的实用性让我很满意。一个精心布置的工作地点和一些优质的文具把工作变成一种享受。

家庭圣地，工作圣地——接下来是什么？我在公寓里的其他房间中踱步，寻找下一个目标。

几年前，追随着“做自己”的戒律，我开始践行自己对儿童文学和青年文学的热爱。在那之前，我一直在无视这些书，包括《小公主》（*A Little Princess*），《魔幻罗盘》（*The Golden Compass*），还有《小妇人》（*Little Women*）。我无视自己的狂热，因为我觉得这些书和我作为一个成熟、严肃的成年人的身份不相符。当我开始承认内心真正的好恶之后，我组织了儿童文学阅读小组。这个充满童心的阅读小组变得非常受欢迎，而且由于队伍日渐壮大，我不得不组建了阅读小组一号、阅读小组二号。我竟然曾以为我是唯一喜欢这些儿童读物的成年人！

我为这三个阅读小组在繁忙的行程中挤出时间进行阅读和讨论，现在，我决定为这个爱好建立一个专门的场所。这些为小组讨论准备的书散落在我家，我想重新整理一些书架摆放它们，作为我的儿童文学圣地。

“你在干什么？”杰米问我。我坐在地上，周围摆满了书。

“我在布置我的儿童文学圣地。”我回答。

“哦，”他一点儿也不惊讶，“我以为你很久之前就做了这件事。”他说完之后马上就消失在我眼前，我确信他是不想被迫帮我整理图书。

当我把书按字母表顺序摆放在一个不太稳当的架子上的时候，我意识到了“做自己”是那么重要，它应该变成我的第5条普适真理：“我的幸福生活只能建立在自己的本性之上。”布置一个儿童文学圣地不是什么激发幸福感的灵丹妙药，但它确实让我感到更幸福。

我用了几天时间才整理完这些书。看着我最爱的书整齐地排在一起，我满心欢喜。看这儿，是整整一层的《哈利·波特》；看这儿，是快被我翻烂的《纳尼亚传奇》系列；看那儿，是我挚爱的《大草原之家》系列。还有众多我喜爱的作家的书，包括伊丽莎白·恩赖特、爱德华·易格、玛丽·斯图尔兹、诺尔·斯垂特菲尔德、J. M. 巴里、坎菲尔德、凯舒、蒙哥马利、英格、托尔金、奥尔科特、寇尼斯伯格的书——这些完美的作品全部整齐地摆放在架子上。这个圣地的顶端是《在卢埃林边缘的四个孩子》(*Four to Llewelyn's Edge*)，这是我和我的朋友一起创作的插图本。创作灵感来自巴里的故事书《抛弃黑湖岛的男孩》(*The Boy Castaways of Black Lake Island*)。在这本书里，戴维斯用男孩的照片描绘了一场海盗冒险之旅。受此启发，我和我的朋友用在中央公园为我们的孩子们拍的照片做了一本类似的书。这个书架是多么令人愉快的圣地！只是站在书架前面就能让我感到幸福。

在另外一个房间，一个书架变成了休闲游戏的圣地。我在这个书架上放上纸牌游戏、拼图，还有5个大玻璃罐，里面装满了各种零碎的小玩具（塑料动物、道具首饰、玻璃弹珠、奇怪形状的橡皮擦）。我在架子上专门腾出来一块地方，放置我童年时代珍爱的玩具。此外，我一直都在找一个地方存放伊丽莎、埃莉诺在婴儿时期收到的漂亮的银色摇铃。所有这些小玩意儿都很好地满足了我们当时的需要，而且它们本身也是极好的收藏品，但是我以前不知道要把它们放在哪儿。现在，它们成了我的休闲游戏圣地的展示品。

我希望我的圣地能代表我生命中重要的部分，那么，创建一个法律圣地如何？杰米和我相识于法学院，至今我们还有很多从事法律相关工作的朋友，而且我们仍然热爱耶鲁法学院。但是没什么特别的东西能让我们想起那段日子，除了三大本装订过的法律期刊，书脊上印有浮雕文字“格雷琴·克莱福特主编”；杰米鸿篇巨制一样的毕业论文，《纽约州人民反对过渡用房屋建筑》（*Neighborhood Resistance to Transitional Housing Facilities in New York State*）；还有我们“饱经沧桑”的《1934年通信法的1996年电讯修订法案》（“*Communications Act of 1934 as amended by the Telecommunications Act of 1996*”）（这部修订法案和一本精装小说一样厚），这部书还是我们俩一起在美国联邦通信委员会工作时用的。我们不需要更多东西了。法律曾经是我们人生中很重要的一部分，但是没必要给它专门建立一个圣地。事实上，我还扔掉了几本好几年没有看过的非常厚的案例集，看着书架上腾出来的空地我感到很开心。

当我建立了自己的圣地后，我渐渐发现其他人已经有意识或者无意识地建立了属于他们自己的圣地。我有个很时尚的朋友把她的项链收藏布置成一个美丽的展览台，而不是把它们都收在抽屉里。一个喜欢读书的朋友把她的书按照颜色排列，沿着公寓的墙环绕成一圈彩带。我的婆婆朱迪，极富创造力地在几面墙上做了“剧作家视野”圣地，她是剧作家视野剧院的董事会成员。我去她家拜访的时候，非常仔细地观察了这个圣地。

“这些类似小海报的东西原本是什么？”我指着其中一面墙问。过去的十年里，每场剧作家视野剧院的演出都在这面墙上用一张类似电影海报的卡片代表，但是这些卡片比正常海报的尺寸小得多。

“哦，这些是信封。”她走过来站在我旁边。“为了宣传演出，我们每场都要寄出一些宣传品。”

“你把它们都装裱好，然后挂起来了？”

“对！每当我挂起新的一组卡片时，我都特别有成就感。”

还有一些我们更熟悉的圣地，比如音乐圣地、旅游圣地和工具圣地。我还记得祖父家车库里那个吸引人的角落，他的工具都整整齐齐地挂在专属的位置上。一个喜欢手工制作和美术的朋友把家里的一个大衣橱改成了一个小房间，这个房间刚刚好能放进一把椅子和一张小桌，而墙壁从上到下都是架子、柜子，还有小隔间，每个都刚刚好能放进一种工具或者美术用品。对于很多人来说，车也是一个重要的圣地。此外，圣地也可以是一个洗手间（研究表明，女人比男人更享受待在洗手间里），或者地下室（男人比女人更喜欢待在这里）。

不存在通往幸福的通用的正确路径。对每个人来说，正确的路径都是不一样的，这就是为什么品味生活细节对幸福这么重要，我必须去注意自己在做什么，我为什么这么做，以及为什么做这件事让我感觉更加开心幸福。研究表明，细心的人更快乐，更容易感觉自信和心怀感恩，较少感到焦虑和抑郁，同时拥有比较好的自我认知。“创建属于自己的圣地”让我对对我有重要意义的物品更留心。

在创建属于自己的圣地的过程中，杰米带我参加了一个工作会餐。一位客人和我聊了起来，他问起我的工作，我向他介绍了我的幸福计划。

“我理解圣地的意义。”他点头，“我父亲有一个近乎疯狂的红酒圣地——一整间屋子都被他用来放喝过的红酒的空瓶子，所有瓶子都整齐地码放在架子上，旁边还有关于红酒的书，墙上挂着标注着法国红酒产地的地图。”

“这个圣地简直太棒了。”我说。

“对！但我们是不是高估了物品的价值呢？毕竟，重要的是人，而不是物品。”他听起来不太信服。

“人们总是发出类似的言论！”我回答，“但这并不是一个正确的判断。他人可以是重要的，物品也可以是重要的。”

“确实。”

“我读过一个很有意思的研究，有关人们和他们的物品之间的关系，具体而言，它讨论了是什么让一件物品变得‘特别’。研究发现，答案不是物品本身，而是它承载的回忆和物主通过物品回想起来的事情。”

“所以说，不是我父亲对红酒有情结，而是那些瓶子让他想起曾经的酒庄之旅，或者品尝过的一顿佳肴。”

“正确！”我怀疑我对幸福的话题太较真了，但我就是忍不住继续谈论这个话题。“这项研究更有意思的一个发现是，有一类人会否认物品的重要性，他们坚持说物品对他们来说不重要，人对他们来说才重要。但事实上，这些人相比较之下会感到更孤单。如果你觉得珍惜物品就是不珍惜人，这似乎是说不通的。”

没过多久，我们就换了一个话题，但我和杰米一到家，我就冲进办公室，重读了米哈里·契克森米哈赖和尤因·哈尔顿的《物品的意义：本土符号和自我》(*The Meaning of Things: Domestic Symbols and the Self*)。

有些受访者因为我们询问他们的关于所有物的问题而不安，他们认为自己不是物质的人，外物对他们来说毫无意义。重要的是人，不是物品……他们拒绝把外物的象征意义看得比与真实的人的联结更重要。这种拒绝乍一看是合理的，直到我们开始注意到……这些声称友谊比物质更重要的人似乎更加孤独……相反，那些拥有融洽人际关系的人会把自己和他们的所有物联系在一起。

这段话对我来说完全正确。我确实是用物品去纪念重要的感情和经历的。单纯地搜集物品毫无意义，我们认为一件物品十分珍贵，唯一的解释就是我们与它之间的互动让它变得弥足珍贵。

逐一清理

英国诗人亚历山大·蒲柏写道："有序是天堂的第一法则。"在我的第一个幸福计划中，清理杂物对于提升幸福感有重要作用这个发现让我十分惊喜。虽然心理学家很少研究这个问题，但是在大众文化领域，这个话题很值得讨论。

对于我来说，整理杂物是一场无休止的战役。虽然我在第一个幸福计划里做了大量这方面的工作，但我仍然渴望找到其他的方法来终止这个过程。威廉·莫里斯的话给了我灵感："不要在家里保留任何你认为没用的或者你觉得不美的东西"。于是，我决定开始实施"逐一清理"这个计划——一个抽屉接着一个抽屉，一个柜子接着一个柜子，一件一件地过滤我们的所有物。家里有人用这些东西或者喜欢它们吗？如果这些东西丢了或者坏了，我们能找到替代品吗？如果不能，那么它被摆在一个合适的位置上了吗？如果能，我们为什么要留着它？

几年前，我开始记录自己成长的秘密，最近的一些记录包括：

- 对其他人来说有趣的东西，对我来说未必有趣。
- 理解显而易见的事情大有助益，但也出乎意料地困难。
- 你需要新朋友，也需要老朋友。
- 从甲地到乙地的最短路径并不是尽最大努力去工作。
- 预防痛苦比镇压痛苦容易（字面意和比喻意都是对的）。
- 你的终点取决于你的起点。
- 真理的反面也是真理。
- 换件事情做和休息能达到同样的效果。
- 说点儿什么比说合适的话更重要。
- 最好的阅读方式是重读。

一条特别有用的秘密是："外在的秩序有助于达成内心的平静。"为什么这是对的？因为你能从外在的秩序体会到实实在在的掌控感，而且，它能帮你从满目混乱中获得解脱，减轻负罪感。在幸福的生活中，一张乱糟糟的桌子或者一个塞满衣服的衣橱可能不会有什么坏影响，但是建立秩序能极大地激发你的能量和愉悦感。（在我以往提议的行动计划中，哪一项是人们经常谈论而且实践成功的呢？是"整理床铺"。）

我认为，"逐一清理"这项行动计划能让我的情绪更平静，生活也更简单。根据职业整理人员的估计，每个美国人每天平均要花一个小时找东西；根据美国肥皂和洗涤剂协会的调查（得出的一个看似和协会宗旨唱反调的结论），每个家庭可以通过整理杂物减少约 40% 的家务工作。然而，拖延症专家皮尔斯·斯蒂尔指出，清理堆满杂物的地方是人们经常会拖延的活动之一。

针对"逐一清理"计划，我有两套方案可供选择：我是应该每次花几个小时，从一个房间到另一个房间系统地进行整理，还是用零碎时间一点点地进行整理呢？

我有强烈的冲动进行有条理的整理，但最后，我还是决定用零碎时间应对杂乱。整理不是一蹴而就的事，相反，我希望培养自己整理的习惯，并一直坚持下去。为此，我需要把标准降低。

我环顾四周，试图用一种新的眼光审视我的家——就像每次有客人来拜访之前，父母即将来看望我们，或是长假旅行后回到家的时候。我发现壁灯的玻璃上有灰尘，门框上有脏兮兮的指纹，浴室的门锁坏掉了，冰箱里放麦片的盒子已经空了。

我本身就有一点儿洁癖，所以我没有预期会发现太多杂物——我是那种每次住酒店，就算是结账当天的早上也会把床铺得和没用过一样的人。但是，当我仔细审视我的家，我发现好多物品都被随便地摆在错误的位置上，有的东西甚至已经在错误的位置上放了好多年了。比如，四年前，为了听一盘催眠磁带，我把我的老式磁带随身听找出来了。用完后，我心不在焉地把随身听放在卧室书柜上。那个随身听直到现在还在那儿。我还看到有两个钟表的电池都没电了，一堆没有读过的书摞在走廊角落的地板上，还有一面镜子靠在墙上，而它本应被挂起来。

在和杂乱无章的斗争中，我总是会从同一个地方开始：衣橱。幸运的是，我母亲要来看我。我没什么审美眼光，但母亲对于时尚则有独到的见解，她能帮我决定留下哪些衣服。而且，我有一个习惯，一旦我喜欢上一件衣服，我就会长时间反复穿它，而母亲能帮我决定那件T恤衫是不是该扔掉了。

我把衣柜里所有的衣服都穿给母亲看了一遍，同时在心里想："它看起来怎么样？我上次穿这个是什么时候的事了？现实地说，我还会再穿它吗？"

“我觉得这条蓝裤子不太舒服，但是还能接受。”我告诉我母亲。“这件白衬衫我真的喜欢，但是我担心它不耐脏。”

“尽你所能穿更多的衣服，”她建议道，“穿出去！衣服在柜子里放着什么用都没有。不要反复穿一件衣服，试着穿你所有的衣服。”

当我清理衣柜的时候，我发现衣柜最显眼的地方放着几条围巾。它们都很美，但是我从来不系围巾。“我可以把它们放在高处不太好拿的地方，因为它们不太常用。”我分析道，“或者，也许妈妈更需要它们。”她的确需要。很快，我腾出了衣柜里宝贵的空间，送给了母亲一些好东西，同时也消除了我每次看到这些被忽视的围巾时产生的愧疚感。

当我在家持续进行逐一清理的过程中，我总结了几条能让整个清理过程更高效的口诀。

走到哪儿，理到哪儿。当我在放银质餐具的抽屉里发现玉米麦片的碎末，或者在药柜里看到干了的牙膏渍时，我会立即花一点儿时间清理它们，而不是说“我过一会儿再清理”。

放弃某项计划。完成计划的一个有效方法就是放弃它。我家里的杂乱之源之一，是那些让人不舒服的半成品项目（更糟糕的是，这也是我大脑中的杂乱之源之一）。逐一清理玩具柜的时候，我发现了一个做微型雪山景观的套件组合，当初我和伊丽莎曾计划一起完成这个手工。在玩具店的时候，这个套件看起来有趣极了，但是回到家打开盒子，我们看到的是几张字迹密密麻麻、指示不清晰的说明书。“这个看起来好难，”我泄气地对女儿说，“我们改天再做好了。”就这样，这个已经拆开包装的游戏套件被我们束之高阁了好几个月，我们连碰也没有碰过它。于是，我从中挑出来一些有用的材料放进我们的美术用品中，然后把其他零件连同盒子一起扔掉了。

只买有用的东西。购物会让杂乱更加不堪，但有时购物也有助于缓解杂乱的状态。作为一个不怎么买东西的人，我经常推迟购物计划，当我真的有需求时，我也会尽量少买。比如，我每次只买一瓶隐形眼镜护理液。我拒绝购买功能单一的物品，比如笔记本电脑包或者雨鞋。我会把化妆品放在一个可密封的食品防水袋里，而且我不买那些讲究的洗浴用品套装。（我欣赏这些设计精美的物品，但这不代表我会购买它们。）我总会想，“也许我们用不到这个”，或者“我过段时间再买这个”。我也因此饱受着不必要的烦恼，比如找不到我需要的东西，或者一直在用一个不太合适的替代品。与我相反，爱购物的人会告诉自己，“我们大概会用到那个”“这个以后可能会非常实用”“为什么不每种颜色都买一个？”他们也饱受不必要的烦恼，因为他们要用时间、金钱、精力和空间来支撑他们无止境的购买。

这个月，我终于说服自己买了一个新的烤箱。

无视风水。人们总告诉我，“你应该研习风水”。有些风水观是有意义的（比如处理死掉的植物，扔掉前男友的照片），我能理解蕴含在风水里面的哲学，但我更关注让自己感觉舒服。

保持清洁。有一次我去洛杉矶拜访我的妹妹伊丽莎白，在我帮助她清理杂物（不是我建议的，是她提议的）的时候，我发现虽然她的灶台非常杂乱，但是她的餐桌整洁漂亮。她的家教科书般地反映了这个道理：“干净的地方更干净，杂乱的地方更杂乱。”台面是用来工作的，而不是用来存放物品的，我这样告诉我自己，并且尽量维持台面的整洁。

重视外观。我希望我的家更整洁。家里乱七八糟堆在一起的 T 恤衫表明，我从来没有学会叠衣服的技巧。（就像我从来没学会正确的系鞋带的方法一样，直到现在，我还在用小朋友才用的“蝴蝶结”法，这件事让我母亲很懊恼，却让我女儿很开心。）我的成长的秘密里有一条是“在必要时寻求帮助”，我有个朋友读高中时曾在一家儿童服装店做兼职，她常夸耀自己是个叠衣服的能手。

“嗨，”在有次见面的时候我问她，“我想向你学叠衣服的技巧。”我从包里拿出了一件白色 T 恤衫。

她笑着说：“你真的带了一件 T 恤来？”她拎起衣服狐疑地看了看，“这件不好叠，质地太薄了。就算叠好，它也保持不了太长时间。”

“你教教我，我真的不会叠衣服。”

她拿起衣服，让衣服正面朝着自己，把左边的袖子快速翻到中间，然后是右边的袖子。接下来，她把两侧翻向中间，把 T 恤反过来，然后对折。她极快地就完成了这一切。

“多练习几遍，”她说道，“你会越来越熟练的。”

我开始练习这个技巧，叠了我所有的 T 恤，看到平顺整齐的衣服堆令我深受鼓舞。人们从单纯的秩序中就能得到外科医生成功完成一场手术一般的成就感，而要做的就是把所有的东西都整齐地放到它们应该在的位置上。基于相同的原因，在厨房里，我把量杯和勺子都收进一个塑料筐里，而不是让它们散乱地待在咖啡杯周围。曾经我连找到它们都很困难，而现在看着它们整齐地排在一起让我异常满足。

预知杂乱。我也会去寻找杂乱产生的模式，以便更快地发现和清理那些杂乱的地方，比如：

- “可爱”但并不好用的厨房用具。
- 坏掉的东西。为什么承认一个东西坏了这么难，比如那个坏掉的烤箱、伊丽莎的青蛙闹钟、三把弯掉的雨伞，还有裂了的花瓶？就像那些我们不断更新换代的科技产品一样，不知道为什么，我们总是会留着那些坏掉的或者过时的产品。

• 可能有用但从没被用过的东西，比如过大的水壶、复杂的螺丝刀，以及功能重复的物品——我们能用得上几个空的辣酱瓶？

• 我们想“留着”的东西。这些东西经常没有任何意义。如果不把高档浴液挤出来用，那留着它还有什么用？我为什么要“留着”那些从祖母家拿来的五彩锡制盘子？一个朋友懊恼地倾诉，“我留着一瓶昂贵的松露油已经太长时间了，它都过期变质了。”钱已经花了，就要物尽其用。

• 美丽却无用的东西。伊丽莎和埃莉诺各有一套婴儿用的陶瓷餐具，它们很漂亮，但现在它们已经用不上了。我应该怎么处理它？（我一直没能想到满意的方案，于是我把它们堆在一个不常用的抽屉里。）

• 用来激励自己去做不愉快的事情的东西。多年前，我买了一个数码录音机。我认为如果我有合适的工具，我就可以自己去做采访。但是我本来就不太愿意做采访，买了这个录音机也不能改变这个事实。我有好几个朋友都被同样的错误逻辑误导而购买了昂贵的健身器材。

• 被精心收起来的物品。不管再怎么精心整理，没用的东西都会产生杂乱。从某个角度而言，我们很庆幸家里没有很多储物空间。没有阁楼，没有储物间，没有杂物间，只有公寓大楼地下室的储藏箱，被我们拿来放节日装饰品、多余的空调滤网，还有一些塑料的儿童座椅。虽然很多人用车库来储物，但是我们也没有车库。事实上，据美国能源部估计，25% 的有两个车位车库的人不会把车停在车库里，而是用车库来储物。

• 祖父母带给我们子女的礼物。就像祖父母对孩子们的睡觉时间、吃零食和看电视都有自己的准则一样，他们也会给伊丽莎和埃莉诺买他们认为必要的东西。我婆婆虽然从来不给自己买新奇的小玩意儿，但是借着关心伊丽莎和埃莉诺，她释放了自己对太阳能棱镜、人偶状的彩色铅笔及其他类似东西的热爱。这些东西很有意思，但是它们需要被定期清理，免得散落在家里的各个角落。

- 我们从来不用的东西。在杰米的上个生日，我送了他一个电饭煲，而现在是时候把它送给别人了。他喜欢做饭，我以为电饭煲会是个绝佳的生日礼物，但是他一次都没用过。

当我逐一清理整个公寓时，我困惑于应该如何处理那些我们不再使用，但是曾经很珍贵或者曾经常用的东西。对此，亚当·斯密解释道：

> 我们……对那些无生命的物品抱有感激之情，它们曾经带给我们强烈且频繁的愉悦。一个从海难中幸存的水手，应该一上岸就把帮助他在海中漂浮的那块木板烧掉，生火取暖。但他会为自己这种“正常的”行为感到内疚，似乎他应该多加小心、心怀感恩地保存那块木板，就像保存一块纪念碑一样——在某种程度上，这块木板的确对他很重要。

这解释了我为什么会保存我的四台旧电脑。就像那个获救的水手一样，和那四台过时的机器分别对我来说太难了，它们曾忠诚地帮助我完成工作，陪伴我去各处旅行。但现在是时候说再见了。为了纪念它们，我给这四台电脑照了照片，然后，我让伊丽莎把它们拿到了学校的旧电器回收站。

我对于和女儿们有关的物品也有着强烈的感情。偶尔，扔掉童年的经念物也是件乐事——在我们把尿布桶永远扔掉的那天，埃莉诺笑着站在尿布桶旁边，我为这一瞬间照了张照片。但是，我更多时候会为此而失落——伊丽莎不再珍爱她的公鸡玩偶，埃莉诺也不再用她最爱的紫色奶瓶了。两个女孩儿都长大了，穿不了小美人鱼的裙子了，这些衣服都曾是她们最喜欢穿的。“时光飞逝，它把一件又一件物品从我们身边夺走”，诗人贺拉斯写道。我要怎么处理它们呢？

我最好现在就决定下来保留什么扔掉什么。我保留这些旧东西的时间越长，我就越感性，越难割舍。而我又不能真的留下我女儿喜欢过的所有玩具和书。不仅是玩具和书，在清理的过程中，我还发现了女儿长牙时期用过的一管牙痛舒缓凝胶，扔掉孩子们的物品确实很困难。

普通的物品也让我怅惘。“妈妈，看我小时候的录像带！”一次，我刚刚开完会进家门，就听埃莉诺嚷道，“阿什利在她的电脑里发现的。”她拉我去餐桌旁，保姆阿什利的电脑在桌上亮着。“过来看！我那时穿的那件带花的睡衣，它在哪儿？我想穿。”

“看啊，”我回答（埃莉诺、阿什利和我都在盯着屏幕），“我记得那件小睡衣。阿什利，这是你什么时候录的？”

“我记得是三年前了。”阿什利说。（事实上，我就是因为看见她手机上的照片才开始用自己的手机拍照的。）

“埃莉诺，你那时看起来这么小，但你真的一点儿没变。没错，你那时正穿着你喜欢的那件睡衣。”

“这件睡衣是我最喜欢的。”埃莉诺一本正经地描述那件她已经好几年都没再穿过的衣服，“妈妈，我们还留着这件衣服，对吗？”

“当然。”我搪塞着转移了话题，希望她不会继续想着那件衣服。

那件睡衣很久以前就没了，但有些东西我是绝不会丢掉的：伊丽莎第一副眼镜是亮蓝色和黄色框的；埃莉诺常穿的“糖果屋”鞋子；两套小美人鱼礼服；女儿们（承认只是半成品）的成长记录。如何整理和保护这些东西呢？我突发灵感：给每个女孩子做一个记忆盒吧！

我之前已经清理出来了两个塑料储物箱。于是我在两个储物箱上贴好她们各自的名字，并在整理女儿们的房间的时候，把挑选出来的东西归到她们各自的储物箱里。我以为这两个箱子会塞得满满的，但最后，箱子里的东西比我想象得少。两个女儿对这两个箱子很感兴趣，她们将它们命名为“纪念宝盒”，还往里面加了几件物品。

在考虑是否要保留某件物品作为纪念品的时候，我注意到，当我有意识地允许自己保留一件特别的物品时，我就有能力放弃更多其他的东西。我会为了一段特别的时光而保留一套波利口袋玩偶和衣服，而由此我就能扔掉我们囤积的其他和波利口袋相关的东西。仔细地挑选有保留价值的几张艺术作品意味着我可以不用留着孩子们的每张画作。虽然对我来说扔掉女儿们不再用的玩具和书很痛苦，但我很愿意把这些玩具和书送给我妹妹的孩子杰克——我给了他两大箱纸板书还有一个装满了塑料玩具食物的购物车，他上次来我家的时候爱极了这些。杰克对这些东西的喜爱减轻了我的失落感。（但如果有一天，埃莉诺像伊丽莎一样不再玩儿那套已经磨损了的木质厨具玩具套装了，我该怎么办呢？那套东西又大又沉，肯定塞不进记忆盒，也没法放进纸箱里寄走。但我怎么舍得丢掉它？我还得想想办法。）

在逐一清理的过程中，我为“禀赋效应”（endowment effect）的力量感到震惊。禀赋效应是指，拥有一件物品会让一个人高估它的价值。比如，我本来不想要那个免费的紫色咖啡杯赠品，但一旦我拥有了那个咖啡杯，放弃它就变成了一件难事。禀赋效应意味着，我拥有一件物品，即便我从没有非常喜欢过它或者经常使用过它，它对我而言也很有意义；而我拥有它的时间越长，它对我的意义就越大，价值就越高。

正因如此，我变得更加谨慎小心——我婉拒了会议赠品，无视购买打折货的机会。幸运的是，我本来就没有在旅行中购物的冲动；而根据我对朋友们的观察，他们在旅行中会比在家时有更强烈的购买冲动。事实上，囤积物品本身就是一件劳心费力的事情。你的物质财富消耗了你宝贵的时间、空间和精力。即便我有能力避免禀赋效应，我也得想方设法地放弃一些已有的物品。

我把逐一清理的经验分享给了一个朋友，她听后直点头："哦，我知道这种感觉。"她说，"我家里堆满了杂物。（这是事实。我恰巧还知道她在三个不同的州都有贮存仓库：一个是她长大的小镇，一个是她祖父母居住的地方，还有一个距离她现在的公寓大概 40 分钟的车程。）改天我得好好清理一下了。"

"不用清理！"我马上说，"别想着清理了！"我停下来不再说下去。我不想自己听起来不礼貌。

"这是什么意思？"她惊讶地问。"你见过我家！我真的需要好好清理一下了。"

"嗯，"我谨慎地提议，"你可以先试着扔掉一些东西，这样你就不用清理了。"

"这又是什么意思？"她再次用惊讶的语气问。

"如果你不再需要某些文件了，你可以直接扔掉它们，这样就不用归纳整理了；如果你已经不再穿一些衣服了，你可以把它们捐掉，这样你就不用把它们堆在衣橱里占空间了。"我没有提及她的仓库。有些话题还是不要深究为好。

"我大部分的东西都有用。"她向我保证，"我不用淘汰太多，我就是需要买一些储物用品，这样我就能更好地整理它们了。"

我不确定我还能否给出一个合适的回复，所以我没有说话。

这一点儿也不惊奇，我发现生活中越没条理、越混乱的人，往往越倾向于购买复杂的挂钩、精致的抽屉分格架或者不同颜色的塑料收纳箱。储物用品当然非常有帮助——如果它们真的能为必需品建立秩序，而不是让我们把更多的垃圾堆在一起的话。

当我确切地知道我要找的东西在哪里时，当我轻易地找到了某个文件对应的文件夹时，当我把毛巾放在了对应的架子上时，我为自己更好地掌控了自己的生活（如果这不是幻觉的话）感到开心。清理杂物能帮助我减轻日常的生活重担。有个朋友向我吐露："我把衣柜收拾好了之后如释重负，觉得自己好像轻了十斤。"我完全理解她的感受。

我按照一个简单的清单完成了逐一清理的过程：我们用它吗？我们喜欢它吗？在按照清单清理杂物的过程中，我认清了不用的物品和没用的物品之间的区别。伊丽莎不再用她的小动物墨水图章了，我不再戴母亲送给我的那顶华丽的亮色复古帽子了，我们从来没用过那个装在精美皮套里的过时的计算尺——但是这些东西都很有意义。我希望我拥有的是具有象征意义的、和家庭成员有情感联结的物品，同时这些物品也有其实用价值以及自己的位置。

阅读说明书

使用造型帅气、设计精良的物品是一种享受，而设计复杂、令人费解的仪器则让人泄气。我喜欢那些操作简单的物件儿，比如电视、熨斗、洗碗机、闹钟、洗衣机，而现在的新产品操作起来困难得让我怀疑自己的能力。

认知科学家唐纳德·诺曼指出，当我们以为一个仪器，比如浴室里的体重秤或者酒店里的电灯开关很容易操作，但怎么都操作不对的时候，我们倾向于责备自己而不是那个仪器。某个周日下午，我试图把电脑里的数据同步到家里的台式机中，但我不停地看到奇怪的报错信息。绝望中，我向杰米寻求帮助。“哦，是咱家的网络有问题。”他检查了电脑 15 秒后告诉我。而我之前一直认为是我哪里做错了。

我不知不觉地被一些家人十分常用但我还不太会操作的家用电器包围了——我学习使用硬盘录像机很长时间了，我不知道怎么用电话座机的“静音”按钮，我不会从相机里导出相片。面对时灵时不灵的无线鼠标，我感觉很无助。此外，我不怎么从 iTunes（苹果公司开发的网上音乐商店）里买东西，所以每次买我都得重新学。

杰米是个“虎头蛇尾的升级者”，他让生活变得更复杂了。他会突发奇想地去更新一些科技产品，但他没时间去掌握那些新机器的操作；即使他会操作了，他也没有足够的耐心教我，而我也没有足够的耐心去学。比如，他买了一个新的咖啡机来庆祝自己升职，而几个礼拜之后，我还是不会用，于是我只能喝茶。

我不得不承认，我的挫败感一部分来自自己，因为我从来不愿意阅读说明书。于是，我决定“阅读说明书”：当我得到一个新仪器时，或者在我使用旧仪器遇到困难时，我必须强迫自己学习正确的操作方法。

清单上的第一项是熟练使用咖啡机，事实证明这其实并不难。接下来，我考虑学习使用新摄像机。之前杰米刚把它带回家的时候，我直接把它从箱子里拿了出来，扔掉包装，快速扫过说明书，然后就开始按按钮。现在，我想尝试一套新方法。我等到自己有空闲时间的那天（于是又过去了好几天）重新对照着说明书学习了使用摄像机。我仔细地阅读说明书，比对着示意图和摄像机的按钮，反复尝试以确保自己真的了解了如何正确地使用它。突然间，这个摄像机好像变得没那么复杂了。（我记得自己读了好几遍说明书才学会用面包机。）

根据我的第 1 条普适真理，想要过得幸福，我们需要在一个成长的氛围中，思考感觉很好、感觉糟糕和感觉正确。即便只是迈出了很小的一步，比如学会使用新的摄像机，这对于提升幸福感也有很大的帮助。同时，消除沮丧和无力感也会提升幸福感。

“阅读说明书”也是一个隐喻，提醒我要做足准备，不要“临时抱佛脚”。我有我需要的工具吗？我知道怎么使用它们吗？我找过能让我快速打开包装的易撕条，或者“沿线撕开”的标识吗？我给自己足够多的时间去学习了吗？我常常省略掉准备的时间，不管是对于伊丽莎的生日派对，还是对于学习使用一个新的文字处理技巧。而“阅读说明书”这个行动计划提醒了我要腾出时间做准备。

此外，我在厨艺界学会了一个新词：“mise en place”。这个法语词的意思是，“所有东西都在它们的位置上”。它的原意是，在正式开火前，所有的准备工作已经就绪，厨师会把所有的食材准备好，该切的切好，该腌制的也腌制好，炊具也要都准备好。厨师长要确保一旦开始做饭，就绝对不会出现需要临时跑去店里买锅铲这种情况发生。现在，mise en place 既指做好准备工作，也指一种精神状态。没有什么比简单顺畅地开展一项工作更美好了——只要我们提前做好准备。

这些都是很小很小的事情。而当我面对我拥有的物品时，这些小事让我感到莫大的慰藉。

• • •

“创建属于自己的圣地”“逐一清理”“阅读说明书”这三项行动计划让我对自己拥有的一切有了更强的互动感和掌控感。

有时，我觉得自己快被广告中重复的宣传语淹没了；那些广告试图让我相信，如果我买更多的东西，我就会更幸福。同时，我也经常能听到相反的观点，比如认为拥有的东西越少就越幸福。我在 9 月里做的事向我证明，幸福不是拥有的物品更少，也不是去拥有更多，而是珍惜已经拥有的一切。这个真理还有个重要推论：如果你不需要一件东西，那么拥有它并不会让你更幸福。我不喜欢听音乐，所以一副昂贵的耳机不会增强我的幸福感。

声称我们需要更多或者更少的东西才能更幸福，就像要求每本书都要恰好是 100 页一样。每本书都有适合自己的厚度；人们对于拥有有意义的物品的数量、种类的期待也不一样。有的人可以在未经装修的毛坯房里活得逍遥自在，有些人却认为一件精美的瓷器收藏能为他的生活增添色彩。世界上不存在唯一正确的方法，我必须自己做出决定。

我把这些观点告诉了妹妹，她说："由你来做出这样的论断好像有点儿讽刺。"

"为什么？"我问。

"比起大多数人，你对物质财富缺乏兴趣，你根本不喜欢买东西。"

"但是，"我打断她，"你知道人们平均每周花在购物上的时间有 6 个小时吗？"

"你不喜欢买东西，"她继续道，"你不爱买衣服，你不喜欢装修房子、买家具，以及类似的事情。你不关心漂亮的珠宝首饰或者其他许多人热衷的东西。你不收藏任何东西。你一直以来都只想扔掉东西！"

"我收集青鸟。"

"也许吧，但是你不会自己去古董店或者跳蚤市场买，也不会网购。你只是等着别人把青鸟送给你。"

"确实如此……"

"所以，你现在说你成了物质财富和幸福感的捍卫者，让我觉得很可笑。"

伊丽莎白太了解我了，我的衣橱里还有很大的空间，我不会主动地收集任何东西（即便是青鸟），我不会主动购物。我只有 7 副耳环，而且我 95% 的时间只戴其中的一副。其他人可以和自己的物质财富有更多的互动。我有个朋友有很多毛线开衫，以至于我每次看到她的衣柜都感到恐慌，但是她对每件开衫都如数家珍。

我对于物质财富的忍耐度相当低，而我的家反映着这个事实，我也为此感觉幸福。然而，物质财富仍然是我的幸福感的重要组成部分。据心理学家威廉·詹姆斯观察："我们很难在'我'和'我的'中间画条线，做出明显的区分。我们感知周围的一切，并且为某些事物做出行动，这和我们感知自我并为自己做出行动是一样的。"

第 2 章

婚姻　证明我的爱

“汝谓艺术，即是家。”

——艾米莉·狄金森（Emily Dickinson）

- 早晚亲吻
- 给出鼓励
- 关注积极乐观的一面
- 承担责任

上个月，我一直在思考有关物质财富的话题。现在，我意识到在我的生活中，物质财富比有些人承认的更重要。现在我准备好了讨论一些更加意义深远的话题，比如婚姻。

稳固的婚姻和幸福感密切相关，主要有如下两个原因。首先，认为自己幸福的人是绝佳的约会对象和伴侣，他们比认为自己不幸福的人更容易走进以及维系婚姻；不管是男人还是女人，都更容易被幸福的人吸引。其次，婚姻会带来幸福感，因为支持和陪伴是幸福生活的重要组成部分。为了让自己幸福，我们需要比邂逅、相识更亲近的关系，比如相互理解、爱和支持。

大多数的婚姻都表现出一种伴侣间的相似性，伴侣彼此在年龄、教育程度、种族、受欢迎程度、政治立场等方面都很相似；随着时间流逝，伴侣之间（刻意地或者潜移默化地）相互影响，又变得更加相似。

还有个现象叫作“健康一致性”（health concordance），指配偶双方的行为渐渐趋向一致，养成了一样的生活习惯，包括吃饭、锻炼、吸烟、饮酒甚至看医生等各个方面。有时候结果很好：如果一方配偶放弃吸烟，那么另一方继续吸烟的可能性会下降67%。有时候结果不好：已婚人士有3倍以上的概率出现肥胖问题。有些夫妻刚结婚的时候不太相似，但结婚25年之后就会变得非常相似；越相似的夫妻越倾向于表明自己婚姻幸福。

我和杰米的婚姻是我的幸福感的最重要的来源之一。从某种意义上说，杰米就是我的家；我们在一起的地方便是我们的家。我希望在我们之间培养一种温柔、浪漫、轻松的氛围，我希望杰米也感到幸福，我知道，当我更幸福的时候，他也会更幸福，因为他能从我这里感染到幸福的情绪（研究表明配偶会影响彼此的幸福水平），同时，他也会因为我感到不幸福而忧心忡忡。

杰米和我相识于法学院。我到现在都记得我第一次看见他走进图书馆的样子——那一瞬间，我便动了心。他穿着一件玫瑰色的套头衫（直到现在我还留着）。我走向一个朋友，装作不经意地小声问：“那个男生是谁啊？”

我们学校的法学院很小，于是我们俩的社交圈子开始重叠。有一次晚会聚餐，我们坐在相邻的座位上。还有一次，我们邂逅于法学院花窗玻璃前面的楼梯上。

但当时他有女友，我也有男友。之后，他和女友分手了。（由于法学院很小，这种消息传得很快。）一周后，我也和男友分手了。某个早上，我在校园里向一群朋友宣布了这个消息，目的是观察他的反应。

但他当时没做出什么反应。我想，也许我误解了他的意思。是我自作多情吗？毕竟，我们俩从来没有讨论过什么重要的事情，特别是关于“我们”的话题；除了同时出席朋友聚会，我们从来没有单独待在一起过（只有一次，他邀请我在企业管理课前一起吃早餐；这太让我激动了，以至于当晚我都没睡好）。我们俩都没有向对方做出任何（哪怕一点点的）浪漫的试探。

在我和男友分手后的那个下午，杰米说他要去买瓶汽水，问我想不想一起去。我确实想。我们一起去商店，然后走回法学院，在盛开的玉兰树下的长椅上坐下。杰米开口说了些什么，然后握住我的手——这就是我们的第一次亲密接触。我想，在那一刻，就算他问我要不要嫁给他，我也不会感到奇怪，而且我会立即答应他。（而且我们确实在几个月之后就订婚了。）

现在，已经过去了这么多年，我对他的感情还是一样的吗？是，也不是。是，因为我还是这么热切地爱着他，而且这种爱更深刻了，因为我现在更加了解他了；不是，因为他占据了我的全部生活，当局者迷，所以有时候对于作为个体的他，我反而会视而不见。相爱的人的生活交织在一起，无法分割，所以维持刚认识时的新鲜感和好奇心是很困难的。

如果说我从我的幸福计划里学到了一件事情，那就是如果我想让自己的生活变成什么样，那我自己就要变成什么样。如果我想让我的婚姻温柔、浪漫，那我自己必须先表现出温柔、浪漫的样子。

我是温柔、浪漫的吗？我是感恩、体贴、有耐心、有趣的吗？或者其实我正在家里来回巡视，发号施令，颐指气使？我很容易感觉厌烦或者被激怒吗？我经常“摆臭脸”吗？当杰米和我第一次见面时，我曾非常认真地思考过，如果我们俩在一个屋子里坐在一起，我要怎么专心致志地阅读呢？我不可能集中得了注意力阅读任何比报纸更复杂的东西。然而现在，我有时觉得，让我从电子邮件和工作中抽身出来，和杰米进行一次有实质意义的谈话都很困难。

在我的第一个幸福计划中，我为爱和婚姻制订了几条行动计划，比如“停止唠叨”、“不期待表扬和感激”、“用正确的方式争吵”还有“表达爱”。杰米的反应是我的幸福计划达成的最让人欢喜的结果之一。杰米曾经，而且依然对制订自己的幸福计划、讨论与幸福相关的哲学观点以及别人的情绪毫无兴趣。但他还是改变了。

他曾经会时不时地发表一些讽刺性的评论，或者说些刻薄话，而且他还有点儿喜欢给我泼冷水。但现在他不会这样做了，他抑制了自己“纠缠”我的习惯——他有时开我玩笑就是为了看我跳着大叫不高兴。我非常努力地让自己不去唠叨，而现在他会主动完成自己的家务活儿而不需要我的催促。（对他重要的事情不见得是对我重要的事情，对我重要的事情不见得是对他重要的事情。比如，我认为节日卡片是很重要的，他认为修空调是很重要的。）他变得更加体贴，会更主动地表达爱，也更愿意收拾自己的行李箱了。我努力不去斤斤计较他的小毛病，正如圣女小德兰说的，“爱让人不计较”。他也是这么做的。

我仍然会急躁，但是我把它处理得很好（在大多数情况下）。有天早上，杰米说，“你能把我们的贷款文件拿来吗？”

“从哪儿拿？”我一脸茫然地问道。

“我不知道。从那些文件里。”

“什么文件？”

“我们不是有个文件夹叫‘贷款’？”

“‘我们’有吗？你告诉我！”我非常恼火。杰米说的是“我们”，但事实上整理文件那些活儿都是我一个人做的。他会说，“上周我们把圣诞装饰都挂好了”或者“上周我们把支票寄掉了”，但这些也都是我做的。

“别这样，”他不耐烦地说，“贷款文件在哪儿？”

有那么一刹那，我很想继续争论这个话题，说清楚为什么“我们”这个词让我恼火，为什么他不能自己找到想找的东西，为什么这些不能总是我的责任，但是我制止了自己。我真的想吵架吗？事实上，虽然很麻烦，但我的确喜欢管理重要的文件。“好吧，”我叹气，“我去找找。”

“谢谢。”他说。

在我的第一个幸福计划中，我学会了心怀感恩。我意识到一个十分重要的事实，并且由此“孕育”出了我的第 6 条普适真理：我能改变的人只有我自己。虽然有时我会给杰米列一个长长的清单（在我眼中每条都很合理），上面写满了为了增强我的幸福感他应该做出的改变，但事实上，我只能为自己列这么一张清单。当我自己改变了，我们的感情才会改变，然后杰米才会改变。

我知道，我是如此幸运才能拥有这样一个丈夫。杰米的改变让我们的婚姻更幸福了，虽然这些预料中的改变是很小、很容易达成的。但不管怎样，作为幸福的重要来源之一，我还是希望进一步改善我们的婚姻关系，哪怕我已经很幸福了。

我想做更多的事以感恩杰米能在生活中的这个时间段陪伴我。我们已经结婚 16 年了，目前正处于琐事繁多的婚姻中间期：孩子尚小，事业处于上升期，要还房贷，即将庆祝我们的里程碑式的生日[①]。我不希望这段日子默默无闻地消逝而去。生活的每个阶段都有自己的氛围、味道，在已经过去的每一个特殊的阶段，我都没有想过要感恩我那时的生活。

---

① 美国人把 20 岁、30 岁、40 岁这种整十倍数的生日叫作里程碑式的生日（milestone birthdays）。——译者注

我回想起我们刚在一起的第一年。那时，我们刚刚订婚，生活异常忙碌紧张。我是法学院三年级的学生，整天在做法制读物；他是律师事务所的新人，常常加班。我们总是坐从纽黑文到纽约市的地铁。然后，我们结婚了。我们住的第一个公寓中的家具都是新婚礼物，包括我公公送给我的从他办公室淘汰下来的旧家具。（记得有个朋友走进我家评论道，“我终于明白你所说的办公室家具是什么了”。我为此颇为恼火。）当时我们还没有孩子，整个家就我们两个人，我和杰米是怎么过周末的呢？在漫长又闲适的夜晚，我们做了什么呢？我完全不记得了。当时，我没有特别留意那些特殊的浪漫时光，但是几个残存的记忆碎片确实时不时地在记忆中闪现。我记得在我们的第一个公寓，一天早上，杰米把我叫醒，我们一起看了一次特别美的日出。还有在我们的第二个公寓，我们有天醒来时发现雪花从天花板的裂缝里像纸片一样落下来。

之后便是我们初为父母的日子。我记得在伊丽莎几个月大时，有一天我抱着襁褓中的她走到杰米工作的律师事务所，然后我们三个人一起回家。当时伊丽莎还那么小，我可以毫不费力地抱着她走几公里。初为父母对我和杰米都是极大的挑战，我们不能再过二人世界了。

对我来说，杰米的相貌变化不大，所以当女儿和我翻看旧相册时，我惊讶地发现他曾经发黑如墨。我也忘了那副他戴了很多年的眼镜，还有，他是什么时候淘汰掉那件我喜欢的绿色 T 恤的？

在这次的幸福计划中，我想要更多的感恩、更多的温柔、更多的合作、更多的快乐——和杰米一起。我想要克服那些会破坏我们关系的琐碎的争吵和麻烦。

这对于婚姻来说非常有挑战性，因为研究表明相较于对其他人，人们对自己的伴侣反而少了一些尊重。人们在和自己的伴侣闲谈或者共事时总是少了一些礼貌和委婉，而在面对陌生人时态度则好得多。这个结论一点儿也不让我吃惊，但它坚定了我好好对待杰米的决心，他是我一生的爱人。我不会对一个朋友厉声说："我们现在真的要谈这个吗？"或者"你就不能做这个吗？"我要停止对杰米用这种语气说话。

我对婚姻有很高的期待，这是件好事。心理学家唐纳德·鲍康的研究表明，在浪漫、热情和尊重等方面有较高标准的夫妻更容易拥有符合这些标准的婚姻，而对生活期待不高的夫妻通常也只能得到他们所期望的。在婚姻初始阶段不纵容彼此坏习惯的夫妻会在以后的日子里更幸福。

我希望对婚姻中的自己抱有更高的期待。

早晚亲吻

专家建议，父母应该建立一种类似程序和仪式的生活方式，以帮助孩子们感受到事物的可预测性、秩序性和关联性。其实，成人们也渴望这些感觉。

我决心启动一个"早晚亲吻"的仪式。每天早上和晚上，我都要亲吻杰米。研究表明，亲吻能增强人们的亲密感，缓解压力，巩固亲密关系；经常亲吻和进行身体接触的夫妻会感觉彼此更加心意相通，更加温暖。亲吻是一种非常受欢迎的活动：在 90% 的文化中，恋人之间都会使用亲吻这种表达情感的方式。

我开始思考每天亲吻的最佳时机。每天早上，我 6 点起床，比杰米起得早很多，所以我可以在起床前亲吻他。（通常他在睡觉时都会把头埋在枕头里，所以我会亲吻他的肩膀。）然后，在他上班前我也会亲吻他，让他在清醒的时候得到一个吻。我还会给他一个"欢迎回家"的亲吻，而不是在另一个房间心不在焉地招呼一声，虽然后者已经是我的习惯了。亲吻有时就是一种快速的互动行为，但有时也会转化成一个真正的、缠绵的拥抱。杰米在睡觉前都会亲吻我并说晚安，而我可以确保我们不漏掉每一次晚安吻的机会。

写一个接吻时间表听起来有些荒谬，但是我告诫自己，如果这件事对我很重要，我就应该为它腾出时间，即使这意味着亲吻要像刷牙一样规律。我每天都亲吻伊丽莎和埃莉诺很多次，我希望对杰米也这么做。

在这些特定的时间亲吻能确保我和杰米在出入家门的时候对彼此更加留心，这算是一个额外的好处。当我们在家的时候，我们经常会沉浸在自己的事情里。而通过主动表达爱，我能感觉到自己的热忱，同时杰米也会感觉到自己被爱着。

亲吻也提醒了我，静默有时比谈话更能安抚人心。有天晚上，杰米看起来心事重重，我也准备好了类似“你在想什么？事情还顺利吗？”这样的问题。然后我意识到，杰米事实上不喜欢这种谈话。于是，我收起自己的问题，给了他一个长长的亲吻。杰米看上去开心多了。

有时，多余的话语只会削减我想要传达的感情。

给出鼓励

很多研究聚焦于男人和女人关于幸福感的区别上。在大多数情况下，我不关注这些区别，因为我觉得这个问题忽视了个体差异。当我着眼于“男人”或者“丈夫”通常的行事方式时，我其实是在把杰米和 50% 的人类进行比较。我发现自己会因为所谓“男人通常会做”而杰米没做过的事情感觉愤怒和懊恼；然而有些男人不整理床铺也不扔垃圾，杰米则会主动做这些事情。

但有些研究确实对深入了解感情关系大有助益。社会学家特丽·奥巴赫，“早期婚姻研究项目”（这个项目开始于 1986 年，现在已将有关中期婚姻的研究囊括了进来）的主任，认为在婚姻的初始阶段，男性和女性对“真心对谈”的态度就已经大不相同了。女性通常认为真心对谈令人安心，因为这些谈话让她们觉得丈夫和自己更亲近；而男性则认为真心对谈让人不安，因为这些谈话通常和婚姻问题及责备联系在一起，他们倾向于把这些谈话理解为唠叨。这个结论对杰米来说肯定是对的。像很多结婚多年的夫妻一样，杰米和我开发了一些只属于我们两人的暗语。有好多年，我们都会用“想喝杯咖啡吗？”开玩笑，因为这句话通常暗示着一个深入的真心对谈即将开始。前几天，我问了杰米这个“无辜”的问题，而他马上递给我一个不安、恐慌的眼神。

所以，我要避免这种沟通。此外，阅读奥巴赫关于“情感肯定”（affective affirmations）的研究促使我想出“给出鼓励”这个行动计划。

在我的第一个幸福计划里，我实行了“不期待表扬和感激”的行动计划。然而，我是多么期待鼓励和认同啊！就像我总是希望我的作业里贴满了老师给的小红花一样。但是杰米不经常给出这种鼓励。我期待他夸我聪明、美丽；我期待他因为我找到了那些贷款文件，或者安排好家庭的周末计划而给我赞许。杰米确实有很多杰出的优点，我也全心全意地爱他，但他实在不擅长给我鼓励，连偶尔的“幸亏你记下了那个电话”或者“多谢你，我们确实需要带伞”这样的话都没有。（公平地说，他也很少批评我，他从来不说“你为什么从来不提议我们一起去看电影或者去博物馆呢？”或者“幸福计划小姐，你现在不正是在违背自己的计划吗？”）

我反复挣扎在这种渴望鼓励又得不到的心情中，并且已经取得了一点点进展。奥巴赫关于“情感肯定”的研究让我把关注点从“我自己需要鼓励”转移到了“杰米需要鼓励”。研究证明，接收到伴侣的“情感肯定”，即让伴侣感觉到被爱、被欣赏、被需要、被支持的言论，对丈夫和妻子的幸福感提升都非常重要。让人惊讶的是，鼓励对丈夫比对妻子更加重要。为什么？

奥巴赫论证，丈夫较妻子需要更多的鼓励，因为妻子能在婚姻外得到更多的正面支持。她们确实需要丈夫的鼓励，但是她们也有其他的鼓励来源——家人、同事、男性或者女性的朋友，甚至陌生人都会对女性给出更频繁的肯定。相反，男人获取疏解和理解的来源大多只有妻子，男人之间的关系往往并不牢靠，也缺少相互支持。事实上，不论男女，在寻求共鸣和亲密感的时候，人们都更愿意诉求于与女性的友谊。

我知道我是杰米获得情感肯定的主要来源，他的朋友和他办公室的同事们不会相互赞美或者交换秘密。如果他需要赞美或者安慰，或者谈论一个敏感的话题，他都会来找我。我的朋友告诉我，有天她坐在自己的电脑前，发现她的丈夫把她的屏幕保护界面换成了：“好好对待劳埃德（她丈夫的名字）。今天……还有每一天！”“我第一次看见这个的时候笑了有五分钟。”她告诉我。我想这是一个很好的提醒，于是我决定实行“给出奖励”这个行动计划。

研究表明，相互体贴的伴侣认为自己更幸福。体贴和幸福这两方面会相互促进，相互补充。圣女小德兰说：“仅有爱是不够的，我们一定要证明它。”那么，如何才能给对方以爱的鼓励呢？

- 当杰米在工作或者其他方面上取得成就时，我会对此“大做文章”。我会把喜讯分享给杰米的父母和我的父母（杰米对自己取得的成绩总是十分谦虚）。研究表明，共同庆祝喜讯，表达你为伴侣取得的或小或大的成就而喜悦，可以巩固两人的亲密关系。默默地支持则不是特别有效。

• 我会因为杰米完成了一些家庭琐事，比如填写税表、组装家具而表达感谢，即使这些是他“应当”做的事情。当杰米帮我解决了一个问题，或者给出有用的建议时，我不会理所应当地接受，而是会主动称赞他。

• 我更经常地说“我爱你”。研究表明，相较于不爱表达感情的家人，人们更容易和经常主动表达感情的家人有更亲密的关系。

• 即使杰米没有寻求帮助，我也会试着提供帮助。举个例子，除非我主动递给他两片药和一杯水，否则杰米从来不会吃止疼片；所以当他头痛的时候，我会主动拿药给他。

• 当我和其他人谈论到杰米，不管他是否在场，我都只说好的事情，不再抱怨和批评。

• 当我抓拍到女儿们的可爱瞬间时，我会把照片用电子邮件传给杰米，这样杰米就知道我们在想他。当他出差在外时，我会把家里发生的趣事说给他听。

• 当他问“你能帮我个忙吗”的时候，我要吞掉自己的自动回复——充满疑虑地问“什么忙？”相反，我要回答，“当然！”

• 我试着开心地去包容，不管杰米是想去健身房，在周末加班，提前离开聚会，在最后一分钟改变计划，还是不听我的回答然后一遍遍地问同一个问题。杰米喜欢为了旅行提早收拾行李，然后到家后马上开箱整理。我从来不着急，但这项工作早晚都得做，所以我开始在这些事情上遵从他的时间表。

• 当他叫我时，我一定要愉快、认真地回应，不着急，不分心。和杰米通电话的时候，我一定要停止阅读邮件。（这简直太没礼貌了！但我以前经常这么做。）

• 杰米（而不是我），负责研究度假的目的地，寻找纽约市周边有意思的地方，给孩子们买音乐会、马戏团、戏剧演出的门票。在过去的很多年，我一直认为这些都是理所应当的；而从现在起，我要努力表达我是多么感激他所做的一切。

我起草了这份清单，并且准备努力去遵守它；我可能无法全部做到，但我会努力去做。偶尔，杰米仍然会说，“请不要这么恶狠狠地看着我！”但是我已经比原来表现得好了。

这些计划也让我更加意识到杰米的优点：他的大度和慷慨，他的令人费解的博学——从流行音乐到政治人物都有所涉猎，他从不失灵的判断力，他对人名、样貌、背景信息的惊人的记忆力，他的处变不惊，他不变的幽默感，他遇到问题时别出心裁的解决办法，还有他从不吃零食的自制力。

我对杰米的赞美听起来可能有点儿夸张。我还记得妹妹伊丽莎白在我和杰米的婚前彩排晚宴上发表的祝酒词：“杰米已经变成我生活中的重要组成部分了，当然我不像我姐姐那样，把他看成奥德赛史诗里的英雄，但是我确实很爱他。”我真的相信杰米有史诗英雄般的特质，也许我确实有点儿把他理想化了，但这其实是婚姻幸福的标志。研究表明，幸福的夫妻更容易把对方理想化；并且通过保持这些理想化的看法，帮助彼此渐渐达到这些期望。在这个被称作“米开朗琪罗效应”（Michelangelo effect）的现象中，处于一段浪漫感情中的伴侣能看到对方身上最好的一面，他们会帮助彼此变成更好的人（就像米开朗琪罗一步步用大理石雕刻出美丽的人体一样）。

作为给出鼓励的反面，我也尝试着不再做负面评价；然而，我发现说好话比咽掉批评意见要容易多了。我很享受说“感谢”或者“这个办法真是太棒了”，但是我发现不去说“你怎么还没做那件事？”或者“你一点儿忙也没帮上”或者“你怎么给孩子们吃那么多冰激凌”这类的话简直太难了。最糟糕的是，我总是摆臭脸（据说看起来很可怕），对此，杰米和女儿们已经抱怨过很多次了。我想减少这些不愉快的交流，因为我知道，比起积累更多的积极经历，减少消极经历对于幸福的婚姻来说更有帮助。

虽然给出鼓励、吞掉讽刺或者不摆臭脸不总是件容易的事情，但是我和杰米都有一个行为禁令：绝不翻白眼。这个看似普通甚至不太起眼的行为其实是非常有害的；这是婚姻关系出现问题的最明显的标志。即使翻白眼和微笑甚至大笑结合在一起，它也是一个轻蔑的标志，会让伴侣感觉不被重视，它的出现意味着这段关系存在更深层次的问题。好在，虽然我会摆臭脸，但我的臭脸不包括翻白眼。

关注积极乐观的一面

我深爱着杰米，但有时候我也会掉进生气的漩涡。当我和他说话而他不理我的时候，我会非常生气，而我继而会想起他犯的其他错误，比如某次忘记寄出某封很重要的邮件，等等。

为了不让自己生气，我发现了一个绝佳的技巧。在查阅文献的过程中，我看到了一个被称作“争议论证”（argumentative reasoning）的心理学现象，它说的是，对于某个具体的事件，每个人都会变得特别擅长辩论。当一个人选择了自己的立场，他就会努力寻找支持自己这一方的证据，而找到后就会满足于此。这个思维过程产生了一种错觉：认为自己所持的观点就是理由充分的客观事实。但是，一个人通常也可以轻而易举地在面对同一个判断时选择与之前完全相反的立场。如果我告诉自己“我是个害羞的人”，我就会列举证明自己害羞的事例；如果我告诉自己“我是个外向的人”，我便会想起自己表现外向的时刻。我可以非常轻松地同时证明这两个判断。

运用这个现象，我决定实行“关注积极乐观的一面”这个行动计划，而实践证明这项计划的确行之有效。

当我发现自己在想“杰米不太贴心”，同时脑子里开始列举那些他表现轻率的例子时，我便在脑海中反对我自己，“杰米是非常贴心的”——确实，我也能想到很多他表现贴心的例子。我可能会觉得“杰米不喜欢庆祝节日”，但一旦发觉自己在这么想，我便马上转变立场，告诉自己“杰米其实喜欢庆祝节日”。我能切实感觉到自己的看法在发生变化，效果好得出奇。

这个现象也许能解释，为什么一些幸福的人比不太幸福的人更经常地处在幸福的氛围中。如果我能更多地关注积极乐观的一面，我也许就能说服自己还有其他人更积极地看待事情，反之亦然。举个例子，如果我说，“哇，我们今天做了好多家务”，那么杰米和我都会被引导着认为，我们的确完成了很多家务。

“关注积极乐观的一面”也能帮助我克服“下意识高估”（unconscious overclaiming）的错误倾向。我们总是下意识地高估了自己相较于其他人的贡献或者能力。根据有关研究，当丈夫和妻子分别估计自己做了多大比例的家务，两个人的比例加起来往往会超过120%。当我开始嘟囔，“杰米还没帮我们做旅行计划”时，我便反驳自己，“杰米帮助我们做了旅行计划”。然后我意识到，他的确做了。

承担责任

每个家庭中，夫妻双方都会分别承担一些责任，同时共同承担另一些责任。更广义地说，婚姻的和谐很大程度上依赖于夫妻双方对于责任分配的公平性的认同。

在我的婚姻中，我觉得有一项责任应该由我和杰米共同承担，但事实上我把它完全丢给了杰米，那就是驾驶的责任。

在我还在上高中的时候，我就惧怕开车。作为堪萨斯城的一名 15 岁[①]的居民，我恨透了和父亲一起练习开车（我永远也不会忘记自己第一次绕着令人生畏的迈耶圈广场[②]练习开车，而父亲坐在旁边心平气和地安抚我的恐惧的情景）。我把自己的驾照考试一直推迟到我满 16 岁的好几个月后——这对于一个中西部人来说简直是令人惊奇的推迟了。当我住在密苏里州和华盛顿特区时，我的确每天都开车，但我是个一开车就紧张的司机。而在搬到纽约市后，我就彻底放弃了开车；事实上，方便的公共交通是这个城市我最喜欢的一点。在纽约市，拥有一辆汽车是真正的奢侈，所以我们非常幸运能有一辆车，而我让杰米做了“专职司机”。

我的妹妹伊丽莎白和我一样。她在堪萨斯城的时候开车，但在她因为准备在哥伦比亚上大学而搬到纽约市之后，她就放弃开车了。即便是后来搬到了以豪车文化闻名的洛杉矶，她也是在向她的合作伙伴或者朋友蹭车长达 3 年之后才开始自己开车的。

我不是一个胆小的人，我不会因为坐飞机苦恼，我不会随身带杀菌免洗消毒液，我也不会时刻担忧女儿们可能被绑架。我在“9 · 11”事件的第二天，想都没想就搭乘了地铁。但开车完全是另一回事。有时候我会为自己的恐惧找统计支持，比如害怕开车比害怕恐怖劫持更现实。

---

① 堪萨斯城所在的密苏里州年满 16 岁可以考取驾照。——译者注

② 迈耶圈是堪萨斯城的一个广场。——译者注

然而，编造一个听起来可靠的借口并不能帮助我克服恐惧。

虽然我已经适应了恐惧开车的生活，但我知道它限制了我的自由，使我错失了很多潜在的机遇。有次家庭旅行，杰米和我租了乡间的一幢小房子；我一直在忧虑，万一杰米出了什么事，我又不开车，那该如何是好。时不时地，我就会陷入恐怖的想象，比如女儿们中的某一个出了事故，而我不能跳进汽车开过去救她；或者杰米和我在一个陌生的地方，他病了，而我不能开车载他去医院。

虽然我对驾驶的恐惧是我个人的事情，但我觉得它可能成为我们婚姻的一个负担，因为这意味着杰米在这件事上承担了太多的责任。不论何时何地，只要我们需要用车，即使杰米很困或者需要临时去加班，他都必须担当家庭司机。他真的很棒，从来都没抱怨过，而且从来没有责备过我。在我偶尔开车时，他总是鼓励我，说我是个好司机。而我确实开得不错。

我对驾驶的恐惧已经持续了好多年，但是对于用不到私家车的纽约市来说，这不是一个紧迫的问题。如果不是因为萨拉，也许我永远都不会面对这个问题。

萨拉是我一个好朋友的姐姐。她听说了我对开车的恐惧后，便寄给我一本艾米·范·柯林斯的回忆录《驾驶之神》（*The God of Driving*）。这本书讲述了柯林斯借助驾驶教练阿提拉·盖索的帮助，克服了对开车的恐惧的故事。她在这本书里夹了张便条：

格雷琴：

你可能会觉得这本书很有意思。这个故事曾经是我自己的幸福计划的一个重要组成部分。

对驾驶的恐惧困扰了我许多年，当我知道一个有能力的、独立的职业女性也有同样的恐惧时，我感到很受安慰。我了解到，尽管经历了不计其数的令人尴尬的挫败，故事中的女主人公最终仍然克服了恐惧，这个故事让我深受启发。当我看到书里面写到的那个驾驶教练就在我家街角开了一家驾驶学校的时候，我便知道这就是命运。我用了几个月学习开车，也经历了许多挫败，最后我成功了。在过去的两个月，我无所畏惧地开着车到处转，驰骋在高速公路上，去机场接人。我现在依然很自豪。我从中得到的骄傲和自信甚至超过了跑完一场马拉松或者完成大学学业。

期待你的幸福计划的新消息。

祝你和你的家人一切都好！

萨拉

我读了便条，然后在拖延了很长一段时间之后开始阅读《驾驶之神》。但这本书让我很不舒服，我甚至没有为这个礼物对萨拉说谢谢。

我最喜欢的一条箴言是"当学生准备好时，老师总会出现"。此时此刻，老师在学生准备好前就出现了。不过最后，我还是被萨拉对感受到幸福和不再恐惧的描述激励，决定将其付诸实践。

当我不愿去面对让我不舒服的事时，我会问自己5个决定性的问题：

- 我还在等什么？
- 如果我不再害怕，我会怎么做？
- 什么方法能让事情变得简单？
- 如果我拥有世界上所有的金钱和时间，我会做什么？
- 5年后再回首，我会希望我做了怎样的决定？

几年前，当我考虑从法律界转向专职写作的时候，我想的是，我要搬去纽约了，纽约是整个美国的出版发行中心。我有做发行代理和当作家的朋友，他们能给我建议。我对我想写的书有概念，而且已经开始动笔写了。我非常想成为一个作家。我在等什么？什么都没有。于是我转行了。

对于驾驶，我想的是，我有个朋友告诉我她有个很棒的驾驶教练。我的时间表很灵活，我有时间去上课，我也有钱报名。驾校就在我家附近。现在我的生活里没有什么让我特别焦虑的因素。我希望我不再害怕开车。我还在等什么？什么都没有。我为上驾驶课的想法感到恐惧，但是克服恐惧能带来更多的自由，也能让我成为一个更强大的婚姻伴侣。毕竟，幸福并不总是让人开心。

在我不情愿地和自己辩论是否要把“上驾驶课”加进计划里的时候，我意识到这 5 个决定性的问题可以被一条训诫取代：选择更广阔的生活。开车确实可以让我的生活变得更广阔。于是我给萨拉写了一个便条：

嗨，萨拉！

终于，我决定开始面对自己对驾驶的恐惧了。感谢你寄给我那本书。有很长一段时间，我都在纠结，但我不愿意承认这点。“学生准备好时，老师总会出现”。而你在我准备好的一年前就出现了。

感谢你的鼓励！是你的经历让我把这件事一直记在心上，直到我准备付诸实践的今天。

祝好。

格雷琴

萨拉立即把驾校信息和其他有用的建议回复给了我。我深呼一口气，然后预约了教练。

“我要去上驾驶课了。”在约好第一次课的时间之后，我告诉杰米。“我想克服对开车的恐惧。”

“真的吗？了不起！”他热切地说。“这个点子真的太棒了！你知道自己其实开得挺好。你只是需要更适应它而已。”

终于，到了预约的时间。有好几天，我都因为即将到来的第一次驾驶课而害怕，但同时我也感觉到了解脱：为了解决这个困扰我好久的问题，我终于踏出了第一步。

我为自己的第一次驾驶课加油打气。我特地在那天腾出时间，如此我就不会太忙或者有其他的负担；我检查了三次背包，确定我带了驾照、太阳镜和一件外套。第一节课应该不会让我直接开车，只是谈论一些有关驾驶的事情吧？最起码，我希望教练可以在让我开车之前，载我到一个开阔点儿的地方。

我错了。当我走近一辆双制动汽车的时候，教练阿提拉开门出来，做了自我介绍，并和我握手，然后就让我坐上了驾驶座。在复习了调节后视镜还有一些基本的交通规则后，我就开车走在莱辛顿大道上了。我在开车的同时还要和阿提拉寒暄，这真是让我手忙脚乱。

阿提拉很亲切，说话带有土耳其口音，还有一副“这些我都见过了”的态度。没过多久，我就感觉自在多了。“我猜你有两种学生，”我说，“一种是不会开车，另一种是害怕开车。大多数人是第一种，而我是第二种。我希望自己能战胜恐惧。”

“对，”阿提拉回答，“你能开车，但我能让你成为一个更好的司机，一个自信的司机。下次见面，你要开自己的车来，这样你会更舒服。”一周后，我已经可以开着我的车上路了。

上驾驶课让我知道，我的问题大部分源于我不熟悉开车的方方面面。的确，我害怕开车。但这种不安大部分源于无知。因为我基本不开车，我不太熟悉我家的这辆车——包括它的大小，如何操作，怎么打开除霜器。我不熟悉市里的道路——因为从来不开车，所以我也不知道乔治·华盛顿大桥或者中城隧道的路怎么走。我不知道怎么使用 GPS（全球定位系统），甚至不知道怎么打开油箱的盖子——盖子是在车的左边还是右边？

在生活中，我不喜欢不确定或者不熟悉的感觉，我喜欢有条不紊。与开车有关的这些不熟悉的小任务本来并不麻烦，但它们加剧了我的无力感和焦虑感。

驾驶课强迫我重新熟悉关于开车的细节。我不明白仪表盘上那些神秘的符号，于是我强迫自己“阅读说明书”。（大量的细节让我沮丧，于是我决定不去深究调节雨刷器的速度之类的细节。）我让杰米教我如何在 GPS 里输入地址。我学着自己给车加油。很多事情，我不需要上正式的课程就可以自己做好，但是我以往没能这么做，我需要外界的力量推动我取得进展。

回忆录和萨拉的推荐让我以为阿提拉是个超乎寻常的、有神秘能力的人物。为什么？因为如果他有什么非凡的能力或者魔法般的技巧，我就能轻而易举地习惯开车了——他略施小计，然后我就摇身一变成了一个熟练的司机。然而事实并非如此。他确实是个有能力的教练，但我还是需要自己来战胜对驾驶的恐惧。

几节课之后，我的驾驶越发熟练，而且我能主动开车了。我开车去了哈莱姆区（非裔美国人聚居区）的商店，开车去了兰德尔岛，开车去了韦斯切斯特县。我为此非常开心，而且我乐于和杰米一起承担驾驶的工作。不过，我依然不是个快乐的司机。

一个朋友过来安慰我。

“事情是这样的，”我叹了口气，告诉她，“我确实不那么害怕了，但我还是没能彻底摆脱我的恐惧。我还是讨厌开车。”

“也许你永远都不会喜欢开车，”她指出，“但是这和你害怕开车是不一样的。”

我恍然大悟。我原以为上课能帮助我享受驾驶。毕竟，许多人都热爱驾驶，我希望自己也能热爱驾驶，但也许热爱驾驶就不是我的本性。好吧，我不必热爱驾驶，我只是需要有开车的能力。驾驶不能让我感觉更幸福，但是成功地采取措施战胜恐惧可以让我感到幸福。

10 月就要结束了，万圣节主题的布景开始在每个商店的橱窗中出现。住在纽约市里，我错过了很多大自然的季节变换，但是周期变换的节日主题橱窗陈列也依稀使我感受到了季节的变迁——它们虽然很商业化，但也有独特的美。伊丽莎和埃莉诺为了每个店面的装饰而兴奋得大呼小叫，我也沉浸在节日的气氛中，不急着催促她们。我们在玩偶商店的橱窗布景前欣赏了 20 分钟。

万圣节临近，意味着是时候装饰我们的家了，而我也感觉到了自己灵魂深处的挣扎。我希望能简化生活，减少不必要的工作，所以我会无视装着装饰品的盒子。我的母亲分给了我一些她收藏的精美的复古纸质南瓜灯，而我需要把它们从地下室的储物箱里拿出来。我还要在家里布置往年万圣节给女儿们拍的照片的展示墙。当然，我还得买个南瓜，然后雕刻它。这些活儿真是让人望而生畏。虽然我实在不想做这些事，但我知道如果为营造家里的万圣节氛围付出努力，我会更幸福。一如既往，一旦所有的装饰工作完成，我就会开始享受家里的节日氛围。

我非常努力地遵守 10 月的以“婚姻”为主题的计划，而在取得了一些进展的同时，我也为自己经常没能好好坚持计划而沮丧。有天晚上，埃莉诺一反常态地睡不着，她不停地说“我要喝水”“我掉下床了”“我有个悲伤的想法”。

第一次，我还能保持耐心，但接着是第二次、第三次。我告诉杰米，我需要在办公室里做些事，我希望他能在埃莉诺跑下床的时候安抚她。

几分钟后，我便沉浸在了工作中，当听见办公室的门在我身后轻声开启时，我吓了一跳。“我睡不着！”埃莉诺大叫。我冷静地把女儿揽入怀中，然后走进卧室，和杰米对峙。

“太感谢你了！”我用尖锐而讽刺的语气说。“你说了要照顾埃莉诺的，我刚才不得不再次把她哄睡。我今天晚上要完成很多工作，而现在已经9点半了！”我气呼呼地走出卧室，没有给杰米说话的机会。

我坐到电脑前，盯着屏幕，充满了愤怒。我因为杰米生气，也因为自己生气。我刚刚说话的时候温柔吗？不。态度轻松吗？不。好吧，我告诉我自己，至少我没有翻白眼。

周六早上，我表现得好了一些。伊丽莎去参加生日会了，于是杰米和我带着埃莉诺去了中央公园。但是杰米看起来心不在焉。

“你是不是还有工作要做？”我问。

“确实是。你介意我离开吗？”他问。

“不，去吧，我们还要待一会儿。”

“如果你们要去别的地方，给我发信息好吗？这样我就知道你们去哪儿了。”

埃莉诺和我吻别杰米，然后埃莉诺就去玩儿了。埃莉诺有惊人的社交能力，当她待在其他人周围时，她会表现出对对方非常感兴趣并且乐于回应的样子，直到对方主动过来搭话。现在她徘徊在喷泉旁边，另一个小女孩在旁边玩耍。几分钟后，那个女孩子开始说话。

“想做朋友吗？”那个女孩问，她看起来比埃莉诺大一岁。

“当然！”

“我叫卡罗琳。”

“我叫埃莉诺。”

她们开始尝试看能把水喷多远。我照了张相片，发给杰米：“伊诺交了个新朋友，很可爱。”

几秒钟后我就收到他的回复：“发生了什么？多发几张照片吧！”

如果我对杰米想去工作的反应是“今天是周六，别去工作了！”，那么我会让他为难，而且不管怎样他最后还是会去工作。我了解他。或者这么说，如果我说“如果你现在去工作，那我明天下午也要花几个小时工作”，那我就又变回了那个斤斤计较的自己，我们就很有可能会吵起来，而不会有接下来的这些愉快的互动。通过决定我自己要怎样表现，我可以为我的婚姻营造美好的氛围。

仅有爱是不够的，我们还要证明爱的存在。

|第 3 章|

为人父母　用心关注

不冒险就无法获得生活的馈赠。在生活的馈赠中，最有价值的都是和家相关的。

——西奥多·罗斯福（Theodore Roosevelt）

- 避免过度反应
- 共享兴趣
- 一起探险
- 温暖地问好和告别

当人们被问及对孩子有何期望时，他们大多会说："我希望孩子能幸福快乐。"

显而易见，幸福的孩子更快乐。幸福的孩子也更容易和其他孩子建立友善的关系，在创造性测试上得到更高的分数。和成人一样，这些孩子未来会对工作更满意，建立更多的社会联系，也更不容易产生情绪问题。（然而令人惊讶的是，剑桥大学的一项研究表明，童年幸福的人有更高的离婚率，研究人员还没有完全弄明白这是为什么。）

我听到过这样的话："你的幸福程度最多只能和你最不幸福的孩子一样高。"我的孩子们的幸福感很大程度上决定了我的幸福感，而我全身心地希望她们幸福。我很想让伊丽莎和埃莉诺拥有幸福，但她们必须通过自己的努力寻求自己的幸福。然而，家庭成员会对彼此的幸福感产生巨大的影响，我希望我能成为一个好的榜样。

11 岁的伊丽莎是愉快、热情、有创造力的。她 3 岁时就认识了不少字（这件事让杰米和我感到震惊），很早便养成了阅读的习惯，她还喜欢音乐和电影。她能连续几个小时独自拍照、做视频。她对与广告相关的事情异常感兴趣，还经常为想象中的产品设计宣传活动，制作纸质广告牌。伊丽莎超乎寻常的冷静，事实上，在过去的几年，我学会了对她的抱怨进行迅速反馈，因为她忍受不愉快的时间比我预想的时间长，所以说出口就说明事情已经严重到了一定的地步。此外，她最近会因为我和杰米的亲密行为感到尴尬了。

5 岁的埃莉诺快乐起来会手舞足蹈，也会因沮丧而号啕大哭。她喜欢社交，充满了好奇心，她会和不认识的孩子们谈话，也能轻松地加入成人的谈话。她马上就有能力阅读了，我知道这能带给她莫大的快乐；她经常让我们念书给她听，而且每天早上和晚上她都会听有声读物。对于一个 5 岁的儿童来说，她能清晰地表达自己的感受，特别是当她对某件事不那么满意的时候。她有广阔的词汇量（虽然会经常说错）。她喜欢画画，而且从来不会忘记用精巧的圆圈代表人的膝盖和手肘，这个作画细节就是她的签名。她可以一个人玩儿一整天。她能在房间里为了假想出来的活动嘟囔着跑一个小时。她非常努力地想跟上姐姐的兴趣爱好。虽然差了 6 岁，她们俩还是经常在一起玩儿。

有时候，意识到这两个女孩是我的孩子这件事还是会让我感到吃惊。我真的是她们的妈妈吗？这个问题似乎太模糊了，或者这么说吧，梳着伊丽莎浓密的棕色头发，或者凝视着埃莉诺的蓝色眼睛的时候，我会想：天啊，她们是我的孩子！

在我思考如何在家里建立有爱的氛围的时候，我回顾了自己的童年。我想起我的父母从来不允许家里出现不友善的调侃，比如恶意地模仿、起外号或者贬低他人，即便是玩笑也不可以。当时，我为他们对我的冷言冷语的压制而反抗，我以为讽刺是智慧的，只是听起来有点儿刺耳；但是现在看来，这条规矩为我家营造了一个非常幸福的氛围。调侃比很多人以为的更消极。在一部引人入胜的著作《自我认知》（*Self-Insight*）里，作者大卫·达宁指出，调侃他人的人通常不知道被调侃者的感受。虽然调侃者认为自己在传达温暖和欢乐的情绪，但对于被调侃者来说，调侃是刻薄的、令人讨厌的。

诚然，有些人会很有技巧地运用调侃来让其他人感觉亲近、来赞美他人、来化解尴尬（杰米就能非常好地用调侃来打破僵局）。然而更多情况下，人们会因为他人的调侃而畏缩不前，我也听到过嘲弄者用“开玩笑”作为自己粗鲁言行的借口。我的理解是，我的调侃是否有趣要取决于别人是否认为它有趣；我的调侃是不是友善要取决于被调侃的人是否认为它是友善的。

有次，我恰巧听到一位慈爱的母亲对她的女儿说，“嗨，小邋遢，你不准备用梳子梳理一下你头上的老鼠窝吗？”她肯定认为她在用一种幽默的方式让她的女儿去梳头，但如果我是她的女儿，我会因为母亲用这种方式和我说话感到吃惊，并因此受到伤害。我希望我的家有和睦的氛围，而调侃，至少是不友善的调侃，并不适用于营造这样的氛围。幸运的是，因为我不喜欢这种谈话方式，所以我自己从不这么做。

为了帮助我自己成为一个我理想中的轻松、慈爱的母亲（我知道这也会帮助伊丽莎和埃莉诺感觉轻松有爱），我设计了四个行动计划。前两个计划分别是“避免过度反应”和“共享兴趣”，提醒我要保持冷静、积极的态度。我很喜欢我每天早上和埃莉诺独处的时间，于是我制订了和伊丽莎“一起探险”的计划以确保我和她们两个有相同的交流时间。另外，因为我知道我们对彼此的举动会塑造我们对彼此的感觉，于是第一次，我准备提议一个不是只针对我个人，而是针对每个家庭成员的行动计划：“温暖地问好和告别”。

在执行幸福计划的过程中，我总是遇到悖论，现在我对我的女儿们也产生了相互矛盾的愿望。（这非常合理，因为伊丽莎觉得悖论非常有趣，比如“这句话是错的”或者我的银行账单中有一页写着一行字，“这张纸是有意留白的”。）就像我希望我能接受自己，同时对自己抱有更多的期待一样，我希望伊丽莎和埃莉诺有很大的梦想，能为自己的未来描绘出宏伟的蓝图，但同时也接受自己，并为小事而感恩。

避免过度反应

虽然我们认为是感觉决定了我们的行动，但实际上通常是我们的行动决定了我们的感觉。我的一项个人信条就是“按照我想要的感觉去行动”，而且我发现这个“假装这种感觉直到你真的体会到了它”的策略总有奇效。如果我想不那么焦虑，我就表现出一种安逸的样子；如果我想感觉精力充沛，我就走得更快。

沿着这个思路，我提出了这个行动计划，这个计划是一个在前往南极洲的科考船上工作的读者写信提议的。据她说，她的科考队长鼓励他们淡化问题：不是忽视或者简化问题，而是淡化它们，避免对问题进行过度反应。显然，我家里的问题比南极洲科考船上的问题更值得淡化。

通过淡化问题，也即遇事处变不惊，临危不乱，避免过度反应，我能帮助自己培养冷静的态度。淡化问题所表达的那种平静态度和轻描淡写让我联想起温斯顿·丘吉尔在1940年评论德国侵略的可能性时说的话：“我的技术顾问有这么一个主意：对付德国人入侵不列颠岛的最好的办法，就是先在他们来的路上尽可能多地把他们淹死在海里，再在残余部队爬上滩头时揍他们的脑袋。”

我马上就遇到了一个测试这个行动计划的机会。我依然因为驾驶而焦虑，但我现在会时不时地开车出门了。有一天下午，我开车带着伊丽莎，我在错误的路口转了弯，然后在布朗克斯区[①]迷路了。来往的车辆、行人和让人费解的指示路标让道路显得异常拥挤，而头顶上的地铁铁轨让一切看起来更加混乱了。怎么才能找到回家的路呢？恐慌像海浪一样扑过来，我感觉自己完全迷失了方向，每分钟我们都离家越来越远了。

“我们迷路了吗？”伊丽莎问。

她疲惫的声音给了我些许安慰。“可能吧。”我心烦意乱地回答道。避免过度反应，我告诉自己。

“我能换个广播频道吗？”

“不行！”我回答。“把它关上！我需要思考。”

“你需要我帮你读街上的指示牌吗？”

“是的，这是个好主意。你能看见它们吗？”

之后，我满怀期待地打电话给杰米。我不知道他能做什么，我就是想听到他的声音。

在我和他解释发生了什么事之后，他对我说：“记住你是个好司机，千万别慌。你听起来很冷静，你感觉冷静吗？”

“我还好。”

“你知道你在哪儿吗？”

“嗯，不太知道。”

① 布朗克斯区是纽约市的五个区之一。——译者注

“我很抱歉，但是我没法帮你。问问其他人怎么到三区大桥[1]，你需要去那儿。”

“对，对，那座大桥。”我长舒一口气。“祝我们好运。”

伊丽莎和我缓慢前行。我不得不承认，我没有像我应该做到的那样避免过度反应，但是我也没有失去理智。我试着用平常的语气和伊丽莎说话。我试着深呼吸。我叫住一位走在人行道上的女士，问她三区大桥的方向。我开车经过几条街，然后又在加油站向一位男士问了路。当我逐渐冷静下来之后，迷路的问题看起来也不那么可怕了，最终我们回到了家。

我还发现，避免过度反应，淡化处理家庭里的小事故，能让它们不那么让人生气，因为毕竟，它们有多恼人完全取决于我让自己受它们影响的程度。当伊丽莎跑进厨房，语无伦次地说，“我不是故意的，这是一个意外，我没看到它在那儿。我试着自己清理它了，现在已经比刚才干净多了。就是一瓶紫色的指甲油洒在地毯上了。它从架子上掉下来，它的盖子掉了。”我没有跳着脚叫，“为什么指甲油的盖子是开着的？”或者“你已经 11 岁了！你不知道一定要小心处理指甲油吗？”或者质问她“你怎么会有一瓶紫色指甲油？”相反，我冷静地走进她的卧室，告诉她上网查关于污渍处理的建议。我检查了污渍，又花了几分钟用卸甲水擦洗。“继续努力，”我告诉她，给了她一块抹布，“看起来不太严重。”伊丽莎因为没有被我责备而如释重负，同时我自己也省去了发表一段毫无意义的训斥的力气。

最有效的避免过度反应的办法是开玩笑。我发现，如果我表现得轻

① 三区大桥现已更名为罗伯特·肯尼迪大桥（Robert F. Kennedy Memorial Bridge），该桥连接曼哈顿区、布朗克斯区和皇后区。——译者注

松，我就会感到轻松，因为当我火冒三丈的时候，幽默感会离我而去。

某个周日，孩子们白天都表现得很好，但到了傍晚，她们又一次开始相互折磨，想尽办法让对方生气。

“我很高兴我有个新枕头。”埃莉诺摆出一副关心姐姐的样子。“我很抱歉你没能得到一个新枕头，伊丽莎。”

“我很抱歉你得早早上床睡觉，没法和我一起玩儿。”伴随着铃声般的笑声，伊丽莎回答道。然后，战争开始了。

当时我正处在一个不常有的愉快的情绪中，所以我没有厉声阻止她们，而是想起“避免过度反应”的行动计划，于是我宣布：“好吧，新的规矩！‘禁止故意挑衅’[①]。”

她们停止了喧哗，看着我。埃莉诺看起来很感兴趣：“那是什么？我不知道它什么意思。”

“它的意思是，你不能故意说一些话去激怒别人。”

“我没有那么做！”伊丽莎抗议。“我只是——”

“我们给它一个简称。”我打断她，“我们叫它 DP。禁止 DP！”

女儿们就这么开始讨论起了 DP：DP 是什么？如果一个人被抓住正在 DP 会发生什么？……就这样，她们不再相互挑衅了。“这是 DP。”这是属于我家的暗语，而使用这个有趣的说话方式似乎的确能帮助她们减少 DP。（虽然埃莉诺有时候会用 DP 的方式指责伊丽莎 DP。）我不知道开玩笑是不是比动怒更有效，但至少开玩笑并不比它更无效，相较于叫嚷，这肯定是更好的反应，对她们和对我来说都是这样。

在《轻松效应》（*The Levity Effect*）一书里，作者艾德里安·高斯

---

① 原文中，作者用“No deliberate provocation”，后两个词对孩子们来说太难了，所以下文孩子们表示不明白这句话的意思。该短语也是后文 DP（deliberate provocation）缩写的由来。——译者注

蒂克和斯科特·克里斯托弗指出，“轻松”是一种帮助人们更好地展开工作的有效工具；幽默能帮助人们提高注意力、缓解紧张情绪以及增强情感联结。

当我第一次看到这个说法时，我认为自己无法运用“轻松”这个工具，因为即使我已经尝试了经常开玩笑，我本身仍然无法成为一个很幽默的人。但是显然，这没什么大不了的。表现得轻松不等同于风趣幽默，而是指有能力在生活中获得快乐，发现幽默，特别是在面对困难的时候。

生活就是这样，我有足够多的机会练习避免过度反应。不过，尽管我制订了这个计划，我还是没能一直成功地执行它。比如，杰米答应我会代替我参加六年级的家长会，我提醒了他三次，但是他后来很随意地告诉我：“哦，我不能去参加家长会了，我和别人约了一起吃早饭。”又比如，周三晚上，伊丽莎突然说在她开始做她的电路大作业之前，她需要一些特别的、令人费解的工具，而这个作业周一就要交了。再比如，一个电脑故障让我两天的工作付之东流。

就问题的严重程度而言，这些都是小问题。事实上，这些问题只有在生活中充满了舒适和便利的时候才会出现，它们是“甜蜜的烦恼”。虽然如此，避免过度反应依然是一个真正的挑战。我成功地在面对家长会的问题、电路作业工具的问题时抑制了自己过度反应的冲动，但我还是没能控制住自己在计算机发生故障时抓狂。

共享兴趣

在研习托尔斯泰的过程中，我反复阅读了托尔斯泰在《复活》中对男主人公聂赫留朵夫的描写：

> 他在工作中勤奋、细心、聪明；同时他生性自律、有礼貌，对别人的建议和愿望表示关切。他寡居的母亲还健在，那是个不识字的、迷信的老农妇。聂赫留朵夫会在他空闲的时候帮助她、看望她。当他在母亲家的时候，他感悟他妈妈在生活中的乐趣，帮助她干农活，和他曾经的玩伴交往。

这段描写抓住我注意力的那句话是，聂赫留朵夫“感悟他妈妈在生活中的乐趣”。

人们和谐地相处——在一个家庭中，在朋友聚会中，或者在一个办公室里——努力感悟其他人生活中的乐趣。很有可能聂赫留朵夫本来对他母亲感兴趣的东西并不感兴趣，就像我对伊丽莎感兴趣的如何在视频中加入特效不感兴趣，杰米对圣女小德兰不感兴趣，我对杰米感兴趣的找到纽约市里最好吃的汉堡不感兴趣。不仅如此，我们还经常忍不住对其他人的爱好品头论足——我想扔掉那些被咬掉一半的塑料笔帽，但杰米非常喜欢咬它们，而杰米则希望我不要那么热衷于拍照。

“共享兴趣”对伊丽莎和埃莉诺来说尤为重要，孩子们都渴望被重视。我记得我小学三年级的一个下午，我的母亲开车载我去图书馆，我激动地向她描述一本书。母亲说，“那你先别还它了。如果它真的很好看，我也想读读。”我受宠若惊——我母亲要读一本书，而这本书是我推荐的！

我希望和他人共享兴趣，同时诚实地面对自己。“我不关心橄榄球，如果我问杰米纽约喷射机队的赛况，我是不是太假了？”我想，幸福不是依赖于真诚吗？如果我真的并没有对什么事产生兴趣（或者有乐观的预期、跃跃欲试），我应该假装吗？

一方面，对我不感兴趣的话题假装感兴趣并不会增加我的幸福感；另一方面，共享他人的兴趣爱好是表示尊重和表达喜爱的重要方法。我将计划修改为“(有理由的)共享兴趣”，然后我发现我通常能找到一个切入点去体会他人的爱好并表达自己的兴趣。比如，我花几分钟看了一集《海绵宝宝》动画片，然后和伊丽莎就她脚上穿的新鞋子的优点进行了一次有意思的对话。

我还发现，我的个人信条“按照我想要的感觉去行动”在我试图和他人共享兴趣的时候也神奇地适用。虽然我不是任何一类音乐的爱好者，但伊丽莎和埃莉诺特别喜欢流行音乐，于是我花了一些时间去听这些歌，而当我问她们“这是谁唱的”时，我发现自己更加享受音乐了。

我再一次想起来圣女小德兰说的话：“仅有爱是不够的，我们还要证明爱的存在。”在我的生活中，一个表达爱的切实可行的方法是为我爱的人花时间，关注他们，向他们提供便利。我会经常放下手中的书去关注我的家人吗？我会高兴地帮他们拿东西、送东西、找东西，或者更改聚会的时间吗？当我想唠叨、指责、抱怨、指出错误时，我能抑制住自己的冲动吗？我没有做到这些。我依然在试着改掉自己斤斤计较的毛病：“我为你跑了一趟药店，现在轮到你来弄明白打印机哪儿出故障了。”“我已经为你多读了一页书了，现在你该睡觉了，不许抱怨。”我想不设限地在行动中表达爱，而不是按照什么时间表机械地说“爱你”。

但是，真理的反面往往也是真理，而且过多地牺牲、过度否定自己，也会削弱我的幸福感。在我感悟他人乐趣的同时，我也要尊重自己的兴趣。这是一种平衡。

一起探险

兄弟姐妹之间最常见的矛盾源头是争夺父母的关注。考虑到两人的年龄差距，伊丽莎和埃莉诺的关系已经很好了：她们都是喜欢花时间和对方在一起的——只要她们不是在争夺关注，迁就对方的游戏水平，或者因为谁得到的饼干大一些而烦恼的话。每个暑假，伊丽莎和埃莉诺都会分开来去我父母位于堪萨斯城的家；在上学的日子里，我婆婆每周会各花一天分别接两个女孩子。孩子们很享受这种单独得到关注的机会。

同理，我希望在日常生活中也分配足够的时间和孩子们分别单独待在一起。我希望有机会和每个女儿单独在一起，一起做她喜欢的事情，谈论让她开心的话题，没有她的姐妹（或者我的电话、家务）的打扰。

伊丽莎开始一个人走路上学了，而且她走得早，所以现在埃莉诺和我每天早上都有一段单独在一起的时间。我们按部就班地吃早饭、穿衣服，然后一起慢慢地走去幼儿园。而且，我们在睡觉之前也有例行的阅读和谈话时间。

每天晚上，我会和伊丽莎一起躺十几分钟。在她入睡前，我们会有一段安静的谈话。这也是一个重要的仪式，但我怎么才能拉长这段伊丽莎成为我唯一的注意力焦点的时间呢？我在想这个问题的时候，恰好听闻一个朋友说起她家的传统。每周三下午，她都会从学校接上孩子，然后开始一场有关纽约市的探险。她和孩子轮流决定下午的活动（我的朋友最近选择去参观制作椒盐脆饼的作坊），他们会在下午 5:30 之前回到家，晚上再做作业和吃晚饭。一听到这个想法，我就产生了模仿的冲动。我马上就想到了好几个能和伊丽莎一起去的好地方。

然而，比选择特别的活动更重要的，是腾出特定的时间和女儿在一起的决心。对我来说，放弃周三下午的黄金工作时间是个艰难抉择，因为我总想工作，我希望有更多的时间去思考、阅读和写作，或者回复几封邮件，我总是迫不及待地要和我的笔记本电脑团聚。但我知道，比起工作，这些和伊丽莎在一起的时间更有意义也会更加令人难忘。

我的第 3 条普适真理是“一天很长，但一年很短”。太阳镜、《饥饿游戏》、iTunes 和海苔干，已经取代了往昔的发箍、《绿野仙踪》、劳丽·伯克纳和 Pez 糖。现在，是时候腾出每周三下午的时间和伊丽莎在一起了。她处在青春期的前夕，而我希望能趁着这段时间每周花几个小时陪她。这会是一段安静而快乐的时间，不慌不忙，不用完成待办事项列表里的任务，没有其他让人分心的事情。如果我们计划每周三下午都去探险，它就应该被写进我的日程表里，就像和编辑会面一样不容变更。我极其幸运，因为我的工作时间非常灵活，所以我拿得出这些时间，如果我不好好利用这样的灵活性那就太可惜了。

我和伊丽莎说了这个每周三下午一起探险的计划，她非常兴奋："我能选任何地方吗？"

"当然。如果你不确定路线，就要打印出来路线图或者提前问爸爸，我们要在放学后马上出发。"

"我们能去曼哈顿以外的地方吗？"

"当然，如果我们六点之前能回来的话。"

"我能选……看电影吗？"

"可以，只要我们六点之前能回来。"

"我能选……商店吗？"

"我不会承诺给你买什么，但是你如果只想去逛逛，当然可以。"

"好的！"

我翻开日历，在接下来几个月的每个周三下午都写下"15:15，伊丽莎，探险。"

目的地由伊丽莎先选，于是她把我带去了位于时代广场的杜莎夫人蜡像馆。然后我选了亚洲协会博物馆，然后伊丽莎选择了信不信由你奇趣馆（我照了张照片，照片中的她站在一大堆萎缩的大脑中央）。因为伊丽莎对视频和广告非常感兴趣，我选择了电视广播博物馆。我以为他们会展示出历年的最佳广告，可惜并没有；于是我们又去看了《周六夜现场》的外星人道具服。伊丽莎选择去涂鸦出版社，在那儿她做了一套她自己画的插图贺卡。我挑了大都会博物馆的蒂凡尼室，去看我喜欢的秋季风景以及园林景观和绘有喷泉的花窗玻璃。

一天下午，伊丽莎大胆地提议选择布鲁明戴尔百货作为我们的目的地。“我喜欢这家商店的味道。”她宣布，并在我们进入玻璃门的时候深吸了一口气。我们花了将近两个小时参观位于一层的服饰珠宝展览。伊丽莎喜欢让人眼花缭乱的物品。虽然我肯定不会选择这么用掉一个下午，但是我确实发现，借助伊丽莎的眼睛仔细浏览每个货架上的商品，是一件非常有趣和美好的事情。

虽然我告诉她我们不会买任何东西，但我那天还是破例给她买了一条项链。

“你知道，这是个纪念品。”我教育她。“我买这个是为了给你一个珍贵的信物；它能帮你在以后的日子里回忆起我们的周三探险行动。明白了吗？”

“明白了。”她点头如捣蒜。“它以后总会让我想起这些日子的。”

“那好吧，你选好你想要的项链了吗？”

“是的！”她拿起它。“看，这条项链太适合我了，它是雏菊！”伊丽莎声称雏菊——经典的玛格丽特雏菊，白色的花瓣环绕着黄色的中心——是她的标志。

“太美了！”我赞美地说。“不论什么时候你戴上它，你都会记得属于我们的这个下午。”

• • •

在我们开始探险行动的几个月后，我产生了一些负罪感，因为大多数时候我们都去了博物馆。我管这些叫每周“探险”，但我们并没有展示出什么探险精神。我们不是更应该去参观布朗克斯动物园，乘坐前往史泰登岛的渡轮，或者品尝布鲁克林的手工泡菜吗？然后我意识到：在拥挤、忙乱的一个星期的中间，在一个安静、平和、美丽且离家不太远的地方，我们一起度过了那么多美好的时光。事实上，在某个泥泞、下雨的周三，我们决定待在家里，喝着热巧克力，一起拼之前没有完成的乐高城堡。有时候，待在家也是一种探险 。

温暖地问好和告别

几个月前，当我在筹备幸福计划的时候，我和一个朋友一起吃了顿午饭，她兴趣盎然地听我说起针对不同主题的计划。

“关于为人父母这个主题我有个很棒的主意。”她建议，“每天晚上，你们全家齐聚一堂，然后每个人写下当天发生的一件幸福的事。这能培养关注家人的习惯和感恩的态度。”

“对。”我说，试着让自己听起来更热情。数不胜数的幸福专家提出过类似的建议，然而我并没有欲望去尝试。为什么不？因为我的幸福计划中的具体行动计划都是我自己能做的，不需要任何其他人的参与。但是，让其他人参与是错误的方法吗？我是不是错过了一个让家人更亲近的机会？

思考过后，我觉得并非如此。尽管我很想关注其他人应该做什么事，但是就像我的第 6 条普适真理所说的，我能改变的人只有我自己。我能预想到，如果我要求家人养成记录幸福回忆的习惯，我肯定会唠叨他们要坚持记录，而这无疑不是获得幸福的方法。

然而，我还是违背了自己得出的这个逻辑缜密的结论，我决定为这个“只关乎我自己”的计划做个特例。我要提出一项家庭行动计划：“温暖地问好和告别”。

在女儿们都还小的时候，每当杰米或我走进她们的房间时，她们都会用极大的热情向我们打招呼；而每当我们离开家时，她们通常都会哭得很可怜。如今，当杰米和我出入她们的房间时，她们甚至都不会从游戏、书本或者作业中分神，抬眼看看我们。这在某种程度上说是一种解脱，但也有一点儿伤感。而且，杰米和我通常也不会向对方温暖地问好或者告别。

我喜欢 10 月和杰米“早晚亲吻”的行动计划，它的确让我对杰米的感情产生了变化。现在我希望在那项计划的基础上延伸，我希望家庭成员在出入家门的时候感觉被认可、被欢迎。

周日早餐时，我一边吃美式煎饼一边抛出一个问题：“如果你想向家里的每个人提出一项行动计划，那会是什么？”

杰米毫不犹豫地回答：“杰米想做什么就做什么，家里的其他人清理房间，完成其他的苦差事。”

“这是个想法，”我无视他的幽默，“还有吗？”

伊丽莎说：“一周里，我们要在早饭时吃不同的东西，比如鸡蛋或者美式煎饼，而不是天天都吃麦片和涂了花生酱的面包。”

“我们可以这么做，”我略有些惊讶，“我不知道你还想吃别的。”然后我转向埃莉诺：“你有什么建议？”

“大家在看见我的时候给我拥抱和亲吻。而且只要我想，我就可以去玩具店买玩具。”

“我想做个提议，”我说，“这和埃莉诺的第一条建议很像。我希望家里能有一项规矩，当我们当中的一员回到家或者离开家的时候，我们都花一分钟关注那个人，向那个人温暖地问好或告别。”

“为什么？”伊丽莎问。

“它能帮助我们对其他人表现更多的关注和表达我们的感情。我知道我自己做得并不好，而且我知道如果你正在忙着做事，你会很难注意到别人，但是这很重要。”

埃莉诺非常不安。“如果我在玩儿办公模拟游戏，或者正在我自己的地盘上玩儿呢？”她哀号，“我觉得如果我中断游戏，我肯定会忘了之前我玩儿到哪儿了。”

“尽力就好，”杰米说，“我们都试试。”

我非常高兴杰米支持了我的计划，我之前不确定他会做何反应。“所以你同意了？”我问他。

“当然。”他说。“这是项好提议。”

“但是如果我们不这么做会发生什么呢？”埃莉诺抗议道，“如果我忘了呢？”

“这就是一件让你放在心上的事情而已。”我用安慰的语气说。尽管埃莉诺有所顾虑，但我觉得她还是会享受这项行动计划的，因为她乐于公开地表达感情。“埃莉诺心里充满了爱。”我们总是这么说。当她更小的时候，她有个习惯，她会捧起我们的手亲吻，然后说“我爱你”或者“你是世界上最棒的妈妈 / 爸爸 / 姐姐”。而且，埃莉诺喜欢执行计划，所以她可能会是我们中最守规矩的，同时她也是个不知疲倦的小警察。

“你呢，伊丽莎？”我问，“你也会参与吗？”

“好。”她同意了。伊丽莎的性格更内敛，但她总是非常乐于参与家庭的计划。

每个人都同意了“温暖地问好和告别”这项决议。但是，我们在没人唠叨提醒的情况下会记得这么做吗？我不希望一项意在增强幸福感的提议转变成矛盾的根源。

出乎我的意料，之后我们都开始遵循这项决定（在大多数的情况下）。温暖地问好和告别感觉像是一件最自然不过的事情。我们越将之付诸实践，它就越变得像个习惯。每天有若干次，我们所有的家庭成员都能感受到彼此之间真正的感情联系。在伊丽莎离家上学前，我会说，“等下，等下”，然后埃莉诺和我会跑过去给她一个真正的拥抱并和她说再见，而不是仅仅让她在从门口消失之前喊一句“我走了”。有时，我们甚至会花时间进行“爱的三明治”——杰米和我拥抱的时候把女儿们挤在我们中间。

当我把这项行动计划说给我的一个朋友听时，她说，“这对于在学校的孩子们来说也很重要。我在我自己学龄前的孩子身上看到了它的影响。当他到学校的时候，如果一个老师直视他、和他击掌或者给了他一个拥抱，他会非常开心地走进教室，而且很容易就安静下来。但是，如果所有的老师都因为其他事情分心，没有人给他一个真正的、只针对他个人的问候，他就会变得胆小，而且很难融入集体。”作为成年人，当我接近一群陌生人的时候我也会有类似的感觉。如果我没有感觉到被认可，融入集体就会变得很困难。

温暖地问好和告别确实有效，但遵循计划并不容易，特别是对我来说。举个例子，每个早上，我会喝一大杯茶和一瓶低糖饮料提神醒脑，然后在办公室里从早上 6 点工作到 7 点——女儿们起床的时候。但在大概 6:49 的时候，当我仓促地想在 7 点前完成某项工作任务时，我常会听到杰米的声音：“格雷琴，我去上班了。”

“等等！”我喊回去，“再等一下！”我真希望他能过来和我说再见，或者在离开之前多待 15 分钟，但这是不可能的。“温暖地问好和告别”和“早晚亲吻”，我每天早上都这么提醒自己，虽然让手指离开键盘是那么困难，但是我很开心我为此付出了努力。我很幸运，能有这样一个爱我的、我爱的丈夫，能用一个温暖的拥抱和亲吻开始新的一天。这才是最重要的事情，比多花几分钟完成待办事项列表里的一项任务重要得多。

“生命的每个阶段都有属于它的特定的爱。”托尔斯泰写道。而且，生命的每个阶段都有属于它的特定的幸福。我希望能在我生命中的这段孩子们还年幼的时光心怀感恩；我不希望时间匆匆流走。当伊丽莎还很小的时候，她和我一起坐公交车去幼儿园，而我曾经希望我们能每天早上都坐那趟公交车，直到永远。但那段时光已经过去很久了。埃莉诺和我现在一起走去幼儿园，我们一路上都拉着手，但是很快她也要自己上学了。

一个晚上，当我和几个朋友结束我们的阅读小组讨论会往家走时，我说，“最近我感觉非常惆怅。孩子们的童年稍纵即逝。我知道这是老生常谈了，但事实确实如此。”

“我完全理解你。”一个朋友回答。“当我被冰箱门上乱糟糟的旧冰箱贴和走廊里占地方的婴儿推车搞得心烦的时候，我就提醒我自己那是美好的旧时光。”

“是的，”我说，“现在是时候感恩那些日子了。”

当我走进公寓大门的时候，我再一次意识到，我是多么希望能把我的家变成一个舒适、温暖的避风港。我们太忙了，而一切都稍纵即逝；我们有充足的理由提醒自己放慢脚步，保持耐心，多拍照片，陪孩子们玩捉迷藏。

当我思考这项持久的挑战时，《圣经》中一段难以理解的话在我脑中一闪而过。在马可福音里，耶稣说：“凡有的，还要加给他，叫他有余。凡没有的，连他所有的，也要夺去。”[①] 我想这段话的意思大概是，

① 本处使用简体中文和合本的翻译。——译者注

“那些力求理解神圣真理的人会学到更多，而那些不去尝试的人甚至连他们学过的东西也不会记得。”

我想在幸福这个大背景下探寻那句话的含义。它可以被总结成一条残酷的成长的秘密：你会得到更多你已经拥有的。当你表现得友好时，人们会更愿意成为你的朋友；当你表现出对他人的兴趣时，人们会更容易被你吸引；当你表现得亲切时，其他人也会亲切地对待你。这个道理是残酷的，因为你常常希望别人能给你你缺少的东西。当你感觉孤独时，你希望别人能对你友善；当你感觉自己很丑的时候，你希望有人告诉你你看起来很美；感觉不被爱让你渴望得到爱。但是，“凡有的，还要加给他，叫他有余。凡没有的，连他所有的，也要夺去”。

这再一次引出了我的第 6 条普适真理：“我能改变的人只有我自己。”如果希望在家营造和睦、相互鼓励、轻松愉快的氛围，那么这就是我需要带进家门的情绪。

第4章

内在设计　重塑自我

“内在若更好，外在会更佳。”

——西蒙·帕特里克（Simon Patrick）

- 远离负能量
- 三思而后行
- 回应他人的好意
- 放弃自我控制

临街的商店用扩音器播放着圣诞颂歌，帕克街两旁的树上挂着摇曳闪烁的装饰灯，商店的橱窗绚丽夺目，而我的女儿们则忙于计划她们在学校光明节[①]仪式上要穿的衣服：这是节日时间。随着天气越来越冷，空气越来越沉闷，我们坚固、温暖的公寓看起来更加舒适了。冰冷的雨水敲打着窗户，而我则坐在温暖、干净的厨房里。此时此刻，我感到无须多言的满足，就像一匹在马厩里小憩的马，或者一只在鸟舍里踱步的巧妇鸟。

当外面的天气变得越来越坏的时候，我决定将关注的焦点转向内在——我自己的内在设计。12月里，我希望专注于探索我的内心体验和人生态度。就像西蒙·帕特里克写过的，“内在若更好，外在会更佳”。我怎么才能由内而外地重塑自我？我需要对自己有更高的要求，才能让我的家更幸福。

---

① 在12月底的犹太教节日。——译者注

首先，我要让我自己幸福。我常想起鲍勃·迪伦奇怪又有趣的回忆录《编年史：卷一》，他这样描写他的妻子："我最欣赏的她的一个优点是，她不是那种把自己的幸福寄托在别人身上的人——她不把幸福寄托在我身上，也不寄托在任何人身上，她有自己内置的幸福感。"

这就是我想要的："内置的幸福感"。我希望在感情上能更加自给自足，不依赖他人或者环境来让自己开心，也不因外部支撑的缺失而沮丧。当我感到不开心的时候，我很容易就让自己陷入依赖他人的状态：从其他人那里榨取正能量，要求他人给我持续的赞美、肯定、安慰，并且无视那些能让我快乐起来的事情（锻炼、收拾屋子、在早上唱歌）。我希望杰米、伊丽莎和埃莉诺都能幸福，但我不能强迫他们幸福，而且我也不希望把我的幸福感完全寄托在他们身上。有研究表明，那些认同"我开心的前提是其他人都开心"的人更容易失落、忧虑和暴饮暴食。同时，内置的幸福感不仅能让我更幸福，也有助于增强其他人的幸福感。（还记得我的第 2 条普适真理吗？它的第二部分是：让其他人幸福的最好方法之一是自己先幸福。）

当我尝试构建内置的幸福感时，我知道自己和他人的关系会很大程度地影响我的幸福感。根据"情绪感染"（emotional contagion）这个心理学现象，我会从其他人那里"感染"情绪。即便是相互陌生的人，在短暂的交流之后也会感染对方的情绪；人们能从电话上的交谈、他人的沉默，甚至他人快乐或愤怒的表情中感染情绪。而且，更愿意表达情绪的人，其情绪更具传染性。在一项研究中，实验小组的一个成员被秘密地要求公开表达自己的积极情绪，结果，这个成员的积极情绪在小组中逐渐蔓延开来；研究还显示，在积极情绪蔓延开来后，小组的内部冲突更少，合作行为更多，小组的整体表现也有了显著提升。

处于亲密关系中的人们更容易有相似的情绪状态。调查显示，对大学一年级的新生随机分配舍友，那些被分配到轻度抑郁的舍友的学生，在接下来的 3 个月也会变得越来越抑郁。伴侣之间，一个人幸福感的增加会激发另一个人幸福感的增加；同理，一个人幸福感的下降也会拉低另一个人的幸福感水平。

我在自己的婚姻中也感受到了这个现象。杰米在 8 岁的一次心脏手术中感染了丙型肝炎。直至今日，杰米的健康状况尚好，他没有明显的症状，一切都正常，但病毒仍然潜伏在他体内。去年，在两次不太成功的根除病毒的治疗之后，杰米开始了长达一年的摄入病毒干扰素的实验性治疗。这次（仍然不成功的）治疗让他无时无刻不感觉恶心和疲惫，就像得了一场总也治不好的感冒。杰米从来不抱怨，但他确实不舒服，而我也总觉得自己不太舒服。此外，在埃莉诺三四岁的时候，她还处于一个随时可能发脾气的阶段，她的坏脾气大大降低了我的日常幸福感。不过，当伊丽莎兴奋地向我们展示她新学会的视频特效，或者在杰米为完成了一项艰巨的工作而兴高采烈的时候，他们的幸福感也深深地感染了我。

家人的幸福感对我来说太重要了，换句话说，如果他们不幸福，那么我也不会幸福。但是，不管我的渴望有多么热切，我都不能强迫他们幸福，同时他们也不能强迫我幸福。我们都需要找寻自己的幸福。

我把以上长长的论证总结为我的第 7 条普适真理，它包含三部分：

> 幸福的人能让其他人感到幸福，
> 但是我不能强迫别人感到幸福，
> 而且别人也不能强迫我感到幸福。

我知道，通过建构内置的幸福感，我能更好地帮助我的家人感觉到幸福。

12月是有关内在设计的一个月，我的目标是加强内置的幸福感。首先，我要“运离负能量”，让自己不再受到榨取我的正能量的人的消极影响。此外，我想要对自己有更高的要求，我希望自己在感觉受挫或者愤怒的时候，能够用幽默的态度去应对，所以我决定“三思而后行”。另外，12月是交换礼物的月份，我希望能“回应他人的好意”，而不仅仅是关注礼物本身。最后，12月充满了陷阱——从偷偷咬一口糖果手杖形状的冰激凌到在机场安检队伍里丧失耐心，因此，我要巩固我的自制力——通过“放弃自我控制”这项行动计划。这听起来有些矛盾，但我的确应该对外部环境做些改变，这样我就不用每时每刻都指望着自己不靠谱的自制力了。

我还要承诺，在堪萨斯城过圣诞节的每一天，我都要开车。

远离负能量

人们对幸福感的评价褒贬不一。有些人认为幸福的人又烦人又肤浅，但事实上，幸福的人对他人更有吸引力。幸福的人精力更充沛，他们广交好友、热情积极，相反，不幸福的人更容易悲观消极，指责抱怨，榨取他人的正能量。社会学家尼古拉斯·克里斯塔基斯和詹姆斯·福勒有关社交圈的研究表明：幸福的人会和幸福的人结群，不幸福的人则往往和不幸福的人结群，同时不幸福的人更容易成为社交圈的边缘人物。

因为幸福和不幸福的情绪会在人群中传染，所以不幸福情绪的一个主要来源就是有一些负能量满满的人会向吸血鬼一样从他人那里榨取幸福的能量。威尔·菲尔普斯、特伦斯·米切尔和伊丽莎·拜因顿写过一篇有关“坏苹果”①的文章，在读过这篇有意思的文章后，我总结出以下三类主要的负能量来源：

- **牢骚鬼**。这些人总是不开心、悲观、焦虑、易怒、粘人。因为消极情绪比积极情绪更容易传染，而且消极情绪持续的时间更长，所以一个牢骚鬼总是会让周围的人都开心不起来。
- **小人**。这些人从不尊重其他人，经常找碴挑毛病，行为粗暴无礼，热衷于传播恶意的小道消息，以让他人难堪为乐，喜欢刻薄的嘲笑或恶作剧，对周围人颐指气使，将他人的功劳据为己有，私藏必要的信息，在讨论时不给别人发言机会。这些行为会损伤信任，让人感觉被轻视、被攻击和愤愤不平。
- **懒虫**。这些人总是不去完成自己的工作任务，导致他人需要付出额外的努力填补他们留下的漏洞。这种付出上的不公平会让其他人产生被利用的愤怒。有时懒虫故意不好好完成工作，主动表现得好像没有能力，或者推迟完成工作直到其他人不得不为他们完成。还有一种懒虫会持续要求关心和帮助——“你能帮我完成这件事吗？”就这样，懒虫让其他人分心，剥削其他人。

这些拥有负能量的人不仅自身行为不佳，还会将坏行为传播给其他人。由于存在“溢出效应”（spillover effect），当我们看见其他人表现出牢骚鬼、小人、懒虫的行为时，我们有更大的可能去模仿他们，因为做出这些行为的可能性也存在于我们的脑子里，而我们本来的控制水平被这些人的举动拉低了。研究表明，在“大五人格”测试的责任心、宜

---

① 源于谚语，一个坏苹果会让整筐苹果都烂掉，“One Bad Apple Spoils the Bunch”。——译者注

人性、情绪稳定性这三项中得到最低分数的那个组员会给整个组的情绪状态定下基调。

就我个人的经历而言，牢骚鬼是最普遍的负能量来源。对大多数人来说，爱发牢骚是暂时的状态吗？真的能通过发牢骚发泄掉自己的负能量吗？在大多数情况下，不能。

一个有关幸福的残酷的道理是，一个人在未来是否会幸福在很大程度上取决于他在过去是否幸福。这个结论让我这个致力于变得更幸福的人很受打击，这就像告诉某个人，最好的避免发胖的方法就是一直保持苗条。然而，如果你试图考量他人在以后的日子里保持幸福的概率，因为那个人的幸福感对你来说很重要，那么这个结论就很有用了。如果你去面试一份工作，而老板看起来总是不满意，你也许能预测到这个老板以后对你也不会很满意（反之亦然）。如果你正准备和一个总是意志消沉的人合租公寓，那么也许你可以考虑换个舍友。如果你在考虑和一个有很多消极情绪的人结婚，那么你也许能预见到，在未来这个人也会有很多的消极情绪。

我决心“远离负能量”，同时尽量避免和牢骚鬼、小人及懒虫接触，如果实在没办法避免接触，我也要更加理智地对待他们。在做出这项行动计划之后，我马上就找到了付诸实践的机会。有一次，我放弃了和某人在一个项目上合作的机会，仅仅是因为我在那个人身上看到了负能量的特质（我认为他是一个有轻微小人特质的牢骚鬼）。那个项目应该很有趣，持续时间不长，要做的工作也没有那么多，但是每次与那位合作者进行短暂的交流之后，我都会感觉到那个人从我身上榨取了少量的幸福感。于是我遵循了自己的计划，在写完一封“谢谢，但我不参加了”的邮件并点击“发送”之后，我感觉如释重负。

当然，避免和负能量的人接触不总是可行的。有个熟人摇着头告诉我，“我没法让自己避免接触负能量的源头，因为那就是我的母亲，她 81 岁了，而且和我住一起。”那么，我要用什么方法来对付那些不可避免的负能量源头呢？下面是我想出来的一些方法：

- 避免和负能量的人独处，其他人的存在会稀释负能量。
- 如果可能，通过电子邮件交流。我发现，当我和他们面对面交流的时候，控制自己的情绪不被他们带跑很困难。通过电子邮件交流能让我表现得更冷静。
- 保持幽默感。我要再次强调，轻松愉快的心态能克服所有的困难。虽然在我自己面对困难时，幽默感总是最先离我而去。
- 正视悲观消极的言论，而不是反对它们。负能量者在旁人正视他们的言论或情绪时也会变得不那么强势了。
- 按照我想要的感觉去行动；按照我认为对的行动方式去行动。我常常发现自己周围存在负能量者，然后我也潜移默化地养成了一些坏习惯：抱怨得更多，更常给出尖酸刻薄的评论。我希望自己表现得更好一些。
- 最重要的是：关注我自己的事情。人们常常试图去取悦那些不高兴的人，但是我决定牢记我的第 7 条普适真理，而不是忙于照顾其他人的情绪：

  幸福的人能让其他人感到幸福，
  但是我不能强迫别人感到幸福，
  而且别人也不能强迫我感到幸福。

当我想着如何摆脱负能量源头的时候，一个老朋友恰巧从外地过来拜访。“你搬家后就不那么经常看到你的公公婆婆了吧？”我问。我记得他们的关系不是很好。

“我们确实不那么经常看到他们了，真幸运！”她叹气。“我的公公婆婆就像是戏剧里的反面角色——我丈夫也承认这点。每次我们去看他们，我都要记好几页的笔记，写满了他们说的和做的可怕的事情。”

“你当真都写下来了？”

“当然。”她回答。“这样的话他们的言行就不会让我那么不舒服了。我会想，他们表现得越糟糕，我的‘料’就越多。”这个方法在我听来是个很棒的摆脱负能量的方法。“可惜我不能出版这些笔记，”她又说，“但就这么想想也能让我高兴不少。”

三思而后行

在我为第一个幸福计划做调研的时候，我花了好几个月想出了我的12项个人信条。我用这12项宏观的信条指导我的想法和行动，而且每天都会自我反省，考察自己是不是真的按照这些信条去做了。

1. 做自己。
2. 过去的就过去了。
3. 按照我想要的感觉去行动。
4. 立即行动。
5. 公平有礼。
6. 享受过程。
7. 断舍离。
8. 发现问题。
9. 放轻松。

10. 做应该做的事。

11. 不斤斤计较。

12. 爱是一切。

（我正在考虑把“选择更广阔的生活”作为第 13 项准则。）

“我读了你的个人信条，”一个朋友告诉我。“我也想出了自己的信条，不过只有 4 条。”

“是什么？”我问。我喜欢听别人讲他们的信条。

“‘亲力亲为’，‘爱妈妈’，‘表现和倾诉’，还有‘三思而后行’。”

“这些真的都很棒！”我赞美地说，“我特别喜欢‘三思而后行’，我觉得我可以把它当作一项行动计划来实践。”我一定要在面对孩子的时候三思而后行。我常常讲话带刺，失去耐心，或者看起来很刻薄。

我想起 12 月的某个早上。那天开始得很顺利：我像往常一样六点起床，给自己一小时用电脑工作的时间。我会在穿好衣服之前伸个懒腰。我会在为孩子们准备早餐的时候大声歌唱。

但在这之后，一切都开始变糟了。

我探头进伊丽莎的房间。“你怎么还没穿好衣服？”我问伊丽莎，“你该出门了。”

“我没有任何能穿的衣服。”她抱怨道。

“我们上周才去买了一些上学穿的衣服！”我说。

“不，我没有衣服穿，因为……”她开始逐一列举原因，解释为什么这件她不能穿，那件也不能穿。

“你自己解决吧！”我厉声地说。

而埃莉诺则对我的每个决定都表现得大惊小怪：“我不想穿线衣！”“我不想梳头！”没过多久，她开始小声啜泣。“你怎么了？”我不停地问，但她就是不回答。她哭的样子让我知道她不是真的难过，只是有些烦躁而已。

我没能把这些事情处理好。不管多努力，我都很难在每天早上保持好心情。我一直提醒自己，“三思而后行”！我想保持冷静，让自己帮得上忙，而且我也确实深吸了一口气然后说了一些鼓舞人心的话，但是再之后我又控制不住地唠叨起来。不过我确实比以前表现得好了一些，而且不管怎样，伊丽莎最终穿好了衣服，而埃莉诺也停止了吵闹。我亲吻她们，和她们说了再见。

但是，一周之后，我又碰到了相似的困扰。虽然埃莉诺已经长大，不再怎么发脾气了，但是偶尔她的坏脾气还是会复发。（这让其他人比她自己更痛苦。）

周日下午，她又陷入她最坏的状态，一开始是生闷气，然后又哽咽起来，再后来她开始在浴室里愤怒地尖叫。我前一天晚上睡得不太好，而这通常意味着我的耐心更容易消磨殆尽。她的坏脾气愈演愈烈，一开始我试着分散她的注意力，然后我无视她，再后来我正视她的情绪，最后，我也开始大吼大叫起来。

我在浴室门口大喊：“你要学会控制自己的情绪！”（在愤怒的顶点，我连怎么用讽刺的方式说出这句话都想不出来了。）

杰米进屋抓住我的手。“听着，”他说，“你必须要冷静下来，你这么生气让人害怕。”

“不是我让人害怕，”我抗议。“是她……”

“我知道，”他说，“她的脾气让人抓狂，但是她才 5 岁。你要冷静下来。”

我盯着他看了一会儿，然后我深深吸了一口气。他是对的。

我每天都在努力控制自己急躁的个性，还有我尖锐的语气。我知道通过叫喊和谩骂无法营造我想要的有爱、平静、温柔的家庭氛围。三思而后行，三思而后行。

回应他人的好意

12 月有圣诞节和光明节。在我们家，这两个节日我们都会庆祝，并且是以孩子们的祖父母为中心庆祝，这让他们很满意：每个圣诞节，我们都和我父母一起过，每个光明节我们都和杰米的父母一起过。另外，我的生日也在 12 月，所以基本上一年中我所有的礼物都是在这个月收到的。12 月让我思考关于礼物的事情。

我在读书的时候常常会被某个段落吸引，但读的时候并不清楚为什么它会让我特别留意。而随着时间推移，那段话的意义会逐渐清晰起来。我读过好几遍《灵魂的故事》(*Story of a Soul*，圣女小德兰的精神回忆录)，为她的故事着迷不已。12 月初的某天，我突然意识到我为什么总是会想起《灵魂的故事》里的一段话。

这段话的背景是：1897 年的一天，圣女小德兰当时 20 岁出头，她正因为肺结核而痛苦不堪（而且没过几年就去世了）。在修道院的花园中，圣女小德兰坐在轮椅里。当时，修道院院长让她完成一篇有关童年的回忆录，她因此开始尝试写作，但出师不利。

> 我刚拿起笔准备写作，一个扛着草叉的修女姐妹便从旁边经过，她明明知道和我谈话会使我分心：干草、鸭子、母鸡、医生的访问，每件事她都要谈……另一个叉草工往我的腿上扔了些花朵，可能她觉得这些花会为我带来诗意的灵感。但此时此刻，我并不想要这些，我更希望这些花能在枝叶上摇曳。

我不知道我能否在不被打扰的情况下写上十句话……但是，为了回报上帝和修女姐妹们的爱，我努力表现得幸福，并发自内心地体悟幸福。比如，刚刚那个叉草工在临走前满怀同情地对我说："可怜的姐妹，你一整天都在写作，肯定很累吧。""别担心，"我回答，"我看起来一直都在写作，但事实上我几乎什么都没写。""太棒了！"她说，"我非常开心我们能在你旁边叉草，这能让你分心，你就不会那么累了。"事实上，这的确让我非常分心……而且我说我几乎什么都没写并不是在说谎。

圣女小德兰强调了对他人的好意要有所反应的重要性。她不希望因为闲谈而分心，她想写作，她不想在腿上放一捧花，她希望在田间看到更多的野花。但是她"努力表现得幸福，并发自内心地体悟幸福"。

有一份与此相关的记忆在我心中涌动。几年前，杰米带回家一大束栀子花。（是的，我喜欢栀子花。）

"谢谢。"我小声地说。"这真的是好……大一束。"而当时我的内心充斥着我那些局限性的想法："我要把它摆在哪儿才合适？我能养好它吗？我确信，用不了几天它们就会死掉了，我总是养不活花花草草，这简直太煞风景了，真是浪费。"

礼物通常会触及我们脑子里的一些奇怪的神经。安迪·沃霍尔说过，"你想象不到，一些人的样子、讲话方式、不经意的举止中的细节能对其他人的情绪产生怎样特别的影响。"杰米的礼物让我产生了自我怀疑，所以我没有能为这件贴心的礼物给他一个正常的、热情的反应。我丈夫知道我喜欢栀子花，所以他买给我他能找到的最大的一株。而我应该努力表现得幸福，并且让自己真正幸福起来。现在，每当我看见栀子花，我都会想起来那个礼物。

（回应他人的好意，并不等于要对一个充满恶意或含义消极的礼物进行善意的解读。我朋友的母亲认为她需要减肥，于是她给女儿买了跑步的服装，为她报了十节动感单车课程，还送给她一个电子卡路里追踪器——这些礼物没有一个让她开心。）

阅读《灵魂的故事》让我想到了回应他人的好意的重要性，而且我马上就得到了把这项行动计划付诸实践的机会。我不是很喜欢首饰，特别是昂贵的首饰，因为它们意味着太多的责任。但是今年，我一反常态地想要一枚戒指作为生日礼物。

我不喜欢过多的选择。我每天都穿着运动鞋、牛仔裤或者运动裤，还有套头帽衫；我每天都戴一样的手表和耳环；我从来不用手袋或者昂贵的手包，而是经常背着运动式的黑色电脑包；如果不是特殊场合，我基本不化妆。但每过一段时间，我都会产生一种冲动去好好打扮一下自己（我承认这都是暂时的）；我想佩戴饰品，这样即使我不化妆也能看起来讲究一些。

“我想要一枚戒指。”我告诉杰米。

“什么样的戒指？”杰米问。

“漂亮的。我不知道。”杰米对于挑选礼物有绝佳的品位。比起我，他肯定能选一枚更好的戒指。

大概在我生日之前的一周，我收到了一条电话留言：一个店员留言给杰米说他的手链已经准备好了。

一个手链？我没有要手链，戴手链会干扰我打字，还要考虑和衣服的搭配问题。我感到一阵恼怒：为什么杰米没有给我买我要的呢？

然后我意识到：要回应他人的好意！我亲爱的、贴心的丈夫为了送我一份生日礼物付出了极大的努力，而且很可能为此花了很多钱。我能想象他独自去珠宝店选礼物的样子。而我在他付出了这么多的情况下还要因为他买了手链而不是戒指而抱怨？简直太可笑了！

当杰米把礼物拿回家，他让我马上打开看看，而不是等到我生日的那天再给我。我看到他拿出了一个细长的手链盒子。

“我知道你说了你想要戒指，我去找过，但我没找到合适的。”当我打开盒子的时候，杰米说，“你不在旁边，我很难挑一枚合适的戒指给你，所以我给你买了这条手链。”

“没关系！我喜欢手链！”我满怀欣喜地拿起它。这是一条金手链，上面有五个小挂件。其中我最喜欢的那个挂件看起来像一本书，上面刻着“幸福计划”几个字，而翻开来，里面则刻着我们的结婚纪念日，还有伊丽莎和埃莉诺的生日。“太美了，我简直迫不及待地要戴上它！我太喜欢了！”我确实这么想。

“回应他人的好意”是一项如此基本、如此正确的行动计划，我本应该自然地做到这件事，但我目前确实需要时时提醒自己。

放弃自我控制

圣诞节前一周，我们一家前往堪萨斯城。在纽约的时候，我们用装饰物装点了公寓，看了下午场的《胡桃夹子》（*The Nutcracker*）[①]，做了节日采购，但我一直觉得缺少了一些节日气氛，直到我看见我的父母在堪萨斯城机场的到达出口冲我们微笑着招手。

我很开心孩子们总有机会去看望她们的祖父母，因为孩子们和祖父母的关系非常重要，甚至孩子们和祖父母的家所在的地方的关系也很

---

① 《胡桃夹子》和《圣诞欢歌》（*A Christmas Carol*）是圣诞节保留戏剧。——译者注

重要。我的父母都来自内布拉斯加州的小镇北普拉特，我和我妹妹伊丽莎白每年夏天都会去那里看望我们的祖父母。我非常清楚地记得我们做过的事情，我们吃过的东西，以及每间屋子的独特味道。而对伊丽莎和埃莉诺来说，她们的一段重要的童年记忆就是在堪萨斯城度过的每个圣诞节。

我的父母保存了很多我和伊丽莎白小时候喜欢的玩具，重新发掘这些老玩具的价值是伊丽莎和埃莉诺（还有我）在堪萨斯城最喜欢的一项传统活动。每次来到这里，孩子们都会翻出旧的毛绒玩具，拖出装满了我和伊丽莎白收藏多年的刮刮闻贴纸的柳条筐，还有厨房用品玩具套件。有个下午，当我们做节日采购的时候，我发现了一件迷人的圣诞装饰品，这个装饰很像我小时候玩的费雪牌娃娃屋——埃莉诺刚刚才把这个娃娃屋拿出来摆在卧室的地板上。而我看到的这个小房子装饰品竟然还有个会响的门铃。我一定要把它买下来，我想着。（即便是我这种不爱买东西的人也会偶尔冲动消费。）我把它放进我的休闲游戏圣地，它是我实践幸福家庭计划这年圣诞的绝佳纪念品。

我喜欢圣诞节带来的快乐，但我也恐惧随之而来的糖果诱惑：姜饼饼干，糖果，我爸爸做的瑞士蛋饼。如果我吃得太多，我会产生深深的负罪感，也会对自己感到恼怒；如果我足够节制，我的节日会更快乐。然而，主动拒绝这些糖果消耗了我太多的自我约束力。

心理学家罗伊·鲍迈斯特发现，我们每天都有定量的自我约束能量，当我们抑制自己不去说一些不合适的话，从某些诱人但无益的话题上转移注意（忘掉面包房里的蛋糕或者和邻居之间的不愉快的交谈），或者做出了某个艰难的决定时，我们会慢慢地用尽我们的自我约束力。当自我约束力被消耗完了，我们就会发现自己很难再抗拒诱惑。如果我消耗了自我约束力礼貌地回复了一封充满恶意的邮件，那么不对女儿说刻薄的话就变得很难。如果我控制自己不去吃餐厅提供的免费面包，那么结果可能就是我最终吃掉了杰米一半的甜点。如果我强迫自己完成每周的家庭总结，或者督促自己经常喝水，那么我可能就不会去健身房了。

在12月，我决定放弃一些自我控制，而不是进一步加强自我控制。

真理的反面通常也是真理。有意思的是，我发现许多幸福计划如果反过来实行也会大有助益。有关幸福的探索常常指引着我去接纳矛盾的两面："抓住现在"和"等待时机"；"整理"和"不整理"；"留空一层架子"和"留一个装杂物的抽屉"。这个月，在我尝试着不依靠外部环境而依赖内心来增强幸福感的同时，我也要依靠外部环境而不依赖内心来增强幸福感。

自我约束力是一种珍贵的资源，我决定利用外部线索来帮助自己"放弃自我控制"。我找到两个在12月尤其有用的方法：戒除和方便。

戒除

我发现，放弃自我控制最简单的方法是彻底放弃一些事。

12月的某个早上，我起床的时候突然感到一阵慌乱：我忘了做全麦饼屋！我们每年都做全麦饼屋，而不是传统的姜饼屋，因为全麦饼屋做起来更简单，而且装饰起来更有乐趣。"我们要在这个周末做全麦饼屋！"我在早饭的时候宣布，"不然我们就没有时间在去堪萨斯城之前吃掉它了。"

"我能吃些糖果吗？"埃莉诺马上问道。我们会买很多糖果装饰那个全麦饼屋。

"你可以吃一点儿，在合理的限度内。"我像自动回复般回答道。

对我来说，做全麦饼屋的一个问题是，到时我们手上会有大量的用来装饰饼干屋的各式糖果。我喜欢糖果，而且我知道我会被糖果诱惑，从这儿拿一块儿，从那儿拿一块儿，每 20 分钟吃掉一块儿，而这种行为差不多会持续一个礼拜。

我会积极地，通常是过分积极地，掌控自己的生活，包括掌控我自己的食欲。我严格地控制自己的摄入量。对某些人来说，这些限制可能又难懂又无趣，但是对我来说，我很享受遵循自己制定的一些奇怪规矩，比如从来不吃开胃小菜，不在孩子们的聚会上吃东西，不吃膨化食品（虽然我经常不遵守最后一项）。

当我意识到我们要买糖果的时候，我突然想到，也许我应该决定这个月不再吃任何甜食了——在纽约不吃，在堪萨斯城不吃。做出这个决定之后，我如释重负。不吃甜食比少吃甜食对我来说容易得多。

塞缪尔·约翰逊说过的那些话帮助我发现了自己的本性。有一次，约翰逊拒绝了递过来的红酒，对此他解释道，“戒酒对我来说，和让我少喝酒的困难程度一样。”这就是我！我意识到，约翰逊和我是一类人——“戒除者”。对这样的人来说，完全拒绝比限制摄入更简单。我不会尝试做限制外的事情，但是什么事我一旦开始做，我就很难停下来。如果我从来都不做某件事，我就不需要为它消耗自己的自我约束力；如果我偶尔做某件事情，那么节制需要消耗我大量的自我约束力。

与之相反的是“适量者”，当他们被允许适量摄入的时候，他们会表现得更好，因为他们会因为“永不”做某事这个概念而感觉受困、痛苦。偶尔地摄入会让他们更开心，有助于他们坚持下来。

戒除者和适量者往往相互挖苦。作为一个戒除者，我时常听到类似“极端处理是不健康的”和“不时放纵是正确的”之类反对意见。同时，作为一个戒除者，我也总想告诉适量者“你不能自欺欺人的同时还期待取得进展”，或者质问他们“你为什么就不能完全戒掉呢？”但没有什么方法是绝对正确的；方法因人而异。（只有一种情况除外：如果真的有成瘾问题，比如酒瘾或者烟瘾，完全戒除基本上是唯一的方法。总的来说，戒酒能帮助人保持自我控制，不管是在饮食、情绪、花费还是在其他方面。）

有一次，一个朋友善意地告诫我，“及时行乐，不要错过每个吃布朗尼的机会”。她听起来像个真正的适量者。

“不。”我摇头，“人生苦短，吃布朗尼这个念头对我来说是一个负担。我完全不吃会更开心。”

“我完全不认为这个态度是积极的。”她说，“你太极端了。”

“可能吧，”我笑，“但对我来说这很管用。”她也许不同意，但是我了解我自己。

于是我主动忽视了所有在节日中出现的糖果。我没有吃任何一块儿买来装饰全麦饼屋的糖果。我甚至没有吃我自己烤的新鲜出炉的姜饼饼干（以及我觉得更诱人的饼干坯子），或者我母亲买来作为圣诞晚宴甜点的华丽的焦糖奶油松饼，还有杰米烤的巧克力碎硬饼干，文斯蒂德餐厅的家庭装“摩天大楼冰激凌”。除了甜食，我尽情地吃了其他我想吃的东西。这个方法未见得对每个人都奏效，但它对我管用。通过给自己限制，我也给了自己自由。

方便

我利用对方便程度的调整，达到调整行为的目的。

消费行为学家布赖恩·万辛克在《盲目地吃》（*Mindless Eating*）一书里面提到过一项令人惊讶的研究结果：方便程度决定我们吃的东西和吃的多少。如果食物放在离我们很近、很容易拿到的地方，那么我们很容易就会吃多。研究发现，如果把接待台上的巧克力从不透明容器换到透明容器中，由于巧克力变得更显眼，人们对巧克力的摄入量提高了46%；与此相对，仅仅因为自助餐厅把冰柜的透明玻璃门关上了，冰激凌的消耗量就下降了一半。为了帮助我自己戒除甜食，我把节日甜点包在锡纸里，并把它们放在柜子的顶层。当食物不在视野里的时候，我往往会忘了它们。（杰米负责帮伊丽莎和埃莉诺拿甜点。）同理，在节日聚会上，我让自己远离放着甜点的桌子。不方便是自我控制的替补方案，它不仅仅适用于节食。有些人会把信用卡冻在冰里，以此控制自己少花钱。

方便也会促使我们采取积极的行动。一个朋友把跑步机放在电视前面。现在只要他看电视，他就会在跑步机上跑步。另一个朋友发现她养了狗之后更容易完成长距离的行走。（研究表明，养狗的人比去健身房的人锻炼得更多，而且也更享受锻炼的过程；70% 的健身房会员卡都没有被使用过，但是狗需要天天遛。）在我们度假的时候，我早上一起床就会穿上去健身房的衣服，这样我就会主动去健身了。

戒除和方便在增强了我的自我约束力的同时，也减轻了我对自我约束力的依赖。我的很多计划都意在增强自我认知和自我约束，而超越自己是最艰难的挑战。

12 月的最后一天，在我们回到纽约市之后，我在街上撞见了一个熟人。聊了几分钟，我就开始想，“哇，这个人绝对是个负能量者！我都忘了他是个牢骚鬼这件事了。”他彬彬有礼，但是我能感觉到他的消极情绪扑面而来。

于是每次他说一些悲观的事情，我就回复他一些乐观的言论——一反常态的乐观。

“节日终于要结束了，我终于要轻松了。”他说。

“真的吗？我爱节日。”我回复道。

“我讨厌人群和过度的商业化。”他评论道。

“我爱这种节日氛围。”我回复道。

这样的对话进行了好几分钟。在我们告别之后，我扪心自问，我是什么时候养成了这种好斗的性格的？我都快认不出来我自己了。

我一边走一边回想着我们的对话，我突然发现一个我之前从来没有意识到的模式。但当我发现了这个模式的时候，它看起来又是那么显而易见，就像成长的秘密里面的一条描述的：理解显而易见的道理大有助益，但也出乎意料的困难。

模式是这样的：跳跳虎是屹耳驴的反面，而屹耳驴是跳跳虎的反面。（在米尔恩的经典儿童读物《小熊维尼》里，跳跳虎是只格外乐观、精力充沛的老虎，屹耳驴则是头总是悲观消极的驴。这种对比鲜明的角色经常出现，但是再没有其他文学名著里的人物能如此完美地体现由这种对比生成的紧张关系了。）换句话说，明显乐观或者明显悲观的人会让对方的性格更加极端化。

我们的感情不会凭空产生。我们知道，幸福的人能带动大家的情绪，不幸福的人也会传递他们的坏情绪。而现在我意识到人们也能传播与自身相反的情绪。为什么？因为跳跳虎和屹耳驴会经常进行情绪的角力，就像我刚刚在那场对话中经历的那样。

当跳跳虎和屹耳驴相遇，为了抗拒对方对自己的影响，跳跳虎会变得更欢乐，而屹耳驴会变得更消极。在这种没完没了的你来我往中，它们彼此反对，相互角力。如果跳跳虎说，“嘿，这并不是那么坏！”或者“看看好的一面！”那么屹耳驴就会更加不遗余力地强调它悲观的态度。屹耳驴越是频繁地说“要未雨绸缪”或者“你没有面对现实”，跳跳虎就越会表现得像个啦啦队员一样忙于鼓舞士气。

跳跳虎和屹耳驴是如何相处的呢？我又怎么能更有建设性地和我的屹耳驴熟人交流呢？正视他人的观点，不去评判或者反对它，这么做有利于缓解紧张的关系。在任何一件事中，让其中一方转换态度都是不容易的。跳跳虎和屹耳驴都为自己的性格感到骄傲；它们不会跳出自己的立场看待问题。

我又注意到一些事。屹耳驴类型的人经常批评跳跳虎类型的人“虚情假意”，他们会因为对方过度乐观、拒绝面对生活中的阴暗面而愤怒。反观我认识的那些跳跳虎类型的人，我发现他们也有共同点：他们中的很多人都正面临着幸福感的危机。

我怀疑，就像跳跳虎一直在试着抗衡屹耳驴一样，跳跳虎类型的人其实也一直在非常努力地保持积极，抗拒被某些人、某些事拉低自己的情绪状态。

我把我的跳跳虎与屹耳驴的关系理论放在博客上，很多读者都回复了他们自己的经历：

> 我总体来说不是个积极乐观的人，我的好朋友也这样认为。但是，面对屹耳驴型的婆婆，我绝对是个跳跳虎，而且我确定我对她就像她对我一样……想想我在这种摇摇欲坠的关系里扮演的角色是件很有意思的事情。

> 这个关系理论事实上解释了我日常生活中负罪感的主要来源。作为一只“跳跳虎”，我不愿意花时间和消极的人交流。不幸的是，我生活中出现的最消极的人都和我关系亲密（比如我的父母）。当我们在一起时，事情就会变成这样：
>
> 母亲：“我的生活太糟糕了，我是个受害者……”
>
> 我：“为什么不试试和朋友喝杯咖啡、去锻炼或者培养新的兴趣什么的？”
>
> 母亲：“这没用，因为……”

我："可能没有那么糟。"

母亲："就是那么糟。"

这简直太让人沮丧了。

我有意识地试着让自己变成跳跳虎，而当生活一切顺利的时候，我会感觉自己简直要飞上云端。然而，我的女朋友尽管偶尔也会表现得快乐和积极，但她通常都是悲伤、抑郁的，并且会现实地看待所有不如意的事情。（我们都在念大学，所以课程和金钱是我们最关心的事。）当我回家看见她很沮丧时，我会试着让自己更加轻松快乐，以此带动她也积极起来，而不是坐在沙发上自己玩游戏。我总觉得这会有帮助，但事实上这件事让我筋疲力尽、情绪低落，也没有让她好起来。从现在起，我要冷静地给她时间，让她自己振作起来。

我有个跳跳虎型的朋友，她简直是打不死的小强。为此我有时候甚至会避免和她见面。在读了你的文章后，我想起了她的丈夫。他看起来很积极，但骨子里悲观消极，甚至有点儿孤傲、冷酷。可能是她太快乐，以至于抵消了他的消极情绪吧。

在我察觉到"跳跳虎/屹耳驴"现象的存在之后，成为一个能感染其他人的幸福专家的愿望变得更加难以抗拒。我忍不住想给出以下建议：

"嗨，跳跳虎！记住我的第7条普适真理：你不能强迫别人感到幸福。让你的幸福感浸润屹耳驴，但是不要为了取悦他们而把自己弄得筋疲力尽。告诉屹耳驴'开心起来'无法让他更开心，反而会让他不高兴。"

“嗨，屹耳驴！你认为自己现实又诚实，但是其他人觉得你消极又刻薄；而且如果和你在一起不快乐，人们就会躲着你——不管是不是应该如此，这就是事实。你觉得跳跳虎在‘装’，但实际上他可能是因为你的言行才会有那样的表现——是的，是你激发了跳跳虎的情绪。”

我忍住不去批评身边的跳跳虎和屹耳驴，我想起梭罗的告诫：“让每个人都专注于自己的事情，变成自己想成为的人。”

“做自己”——正是这样。

|第 5 章|

时间　主导自己的生活

人类都有这种天真的想法：与过去相比，未来有更多的空间和时间。

——埃利亚斯·卡内蒂（Elias Canetti）

- 掌控口袋里的“办公室”
- 给孩子自由
- 坚持做一件拖延已久的事
- 更有创意地生活

9月，新学年的开始激发我启动了一个新的幸福计划。现在是1月了，新的一年的开始给了我坚持计划的热情。在坚持我的每月计划的同时，我也想试验一个新想法：用一个词或者短语概括一整年的主题。

我是从我妹妹伊丽莎白那里得到这个想法的。有一年她的主题词是“闲暇时间”，另一年的主题词是“飞转的轮子”，那年她开始自己开车。我有个朋友也做了同样的事情。有一年他选择了“黑暗”这个词，另一年则是“名望”。

我在这一年想选的主题词是：更大。在我渴望简化生活，把事情保持在可以驾驭、管理的状态的同时，“更大”鼓励我拓宽视野，容忍复杂和失败，对我自己抱有更多的期待。我想要一个更大、更广阔的生活。

我把这一年的主题词放在博客上，有读者回复给了我他们自己的富有创见的主题词：革新、习惯、玩乐、健康、行动、可能性、信仰、搬家、充实、细节、慷慨、升级、边界、爱、完成、答案、冒险、隐忍、创造、潜水、到达、开放、慢下来、天赋。当我滑动鼠标浏览这些回复，我发现伊丽莎白也在我的博客上留言了（我每次在回复评论里看到她的名字都会很激动），她选择了“更小”！果然，真理的反面通常也是真理。

“更大”是我新一年的主题。

当我看着连绵不绝的飘雪，回到我熟悉的幸福计划的1月主题时，我开始思考时间这个命题。掌控感是幸福的重要方面。感觉自己能主导自己的生活、掌控自己的时间的人，会更容易感觉幸福。

我喜欢堪萨斯城的从容。那里有各种休闲活动，而且我从来没有产生过迫在眉睫的感觉。我不想同时做十件事；我不会让孩子们（或者我自己）慌乱地吃早饭或者套上衣服；我设定了适合自己的生活节奏；在某个特定的日子里，我会完成我想让自己完成的事情。

在1月，我想在家里营造这种不慌不忙的氛围。我想留出足够多的时间去我想去的地方，做我想做的事情，而不把时间浪费在我不喜欢的活动上。梭罗说：“我爱生活中的留白。”这也是我想要的。在生活忙碌、喧嚣的表面下，我想培养一种休止的意识。

这对我来说并不容易，因为我总是想风驰电掣地完成所有的待办事项。比如某些早上，杰米不需要那么早就出门上班，他会跑进埃莉诺的房间，看着被我催促着穿衣服的埃莉诺宣布道，“伊诺，我要去上班了，过来亲我。”埃莉诺觉得这一幕很滑稽，因为她的爸爸除了四角短裤以外什么都没穿！这时候我就会很恼怒，因为他打乱了我早上的时间表。而直到我发现我们仍有足够多的时间赶去学校，我才意识到刚才的一幕是多么美好。于是，我不再在早上催促他们了。

生活中的许多方面都会给人一种匆忙的感觉，但它是可以克服的。时间和一般的物品也许看起来很不一样，但是我发现当我整理了杂物之后，不仅我的家看起来更宽敞整洁了，我自己也感觉不那么忙乱了，因为我可以轻松地找到和存放物品。整洁的橱柜和衣柜让我感觉我每天的时间多了一些。现在，我的每件物品都有它们自己的位置，我不再在架子的顶层找手电筒，或者把电热毯团在某个奇怪的角落了，这让我感觉不慌不忙，我成了这个空间的主人。

我时常觉得我需要或者不得不在不同的任务间切换。各种仪器都在响，发出嗡嗡的声音，阻碍我的思路。但轰鸣的机器还不是唯一干扰我注意力、打断我思路的东西，我最大的干扰源是两个女儿同时和我说话。

当我感觉紧张和分心的时候，我会表现得更糟糕。我会对杰米和女儿们更频繁地唠叨，因为我总想着要马上完成一些事。我太忙了，以至于我无法欣赏平凡中的美好：我家楼下转角处的食品店外面按着颜色码放的水果，花店飘散出的美妙味道，伊丽莎分享的在学校吃午饭时发生的趣事。我会因为不耐烦而出口不逊，更容易对街上或店里的人表现得粗鲁。这件事在很多人身上都发生过。心理学家罗伯特·列文统计了许多美国城市的“生活节奏”，其中包括走路速度、银行柜员的处理速度、说话的速度等多个参数。他发现，城市的生活节奏越快，人们越不爱帮助别人：人们不会费心归还研究者“不小心”掉落的笔或者为陌生人破零钱。纽约市是美国生活节奏第三快的城市（名列波士顿和水牛城之后），拥有最不爱帮助别人的居民。不过，虽然我的生活节奏很快，我还是愿意花时间帮助别人。

匆忙的感觉对我来说至少有三种类型：周而复始的匆忙，待办事宜的匆忙，紧急救火的匆忙。周而复始的匆忙，体现在我无法从永远也做不完的焦虑中解脱出来：我会在周末不能自已地查邮件，或者不愿意因为一周的外出度假而停止写作。待办事宜的匆忙，体现在我必须要在很短的时间加速完成许多事情。紧急救火的匆忙，体现在我把所有的时间都花在处理这些紧急的事情上，而没有去做真正重要的事情。

我不想放慢脚步，但是我想换一种心态。“速度不是真正的策略的一部分”。传奇剑客宫本武藏在《五轮书》（*A Book of Five Rings*）中解释道，“速度意味着事情看起来慢或者快……慢当然不好。但真正的高手从不会缺少时间，他们总是行色从容，从不表现出忙乱。”我想要一种从容的生活节奏，一种不紧不慢的节奏。

但是，时间过得太快了。秋天是何时离开的？纽约市已经有积雪了，但是我还没能从冬天还没开始的感觉中抽离。我的六年级很漫长，但是伊丽莎的六年级一转眼就要过去一半了。

我不是唯一有这种感觉的人。当我们逐渐变老，我们会感觉时间过得更快。就像诗人罗伯特·骚塞说的：“不管你能活多久，前20年都是你能有的最长的半生，在你经历时如此，在你回顾时亦如此；相比于后面所有的时间，它会占据你更多的回忆。”相关研究支持了骚塞的看法。根据罗伯特·列米奇在20世纪70年代的研究，对于超过80岁的人而言，他们感觉自己在前40年就经历了一生的71%，而60到80岁这20年在感觉上只占一生的13%。

此外，我总是幻想着，也许再过三四个月，生活就会慢下来。“我在节日期间会有更多的时间，或在过节之后，或在夏天来临的时候。”我总是一次又一次地向自己保证。但生活不会慢下来。如果我想要从容，那么我现在就要营造这种氛围。

在1月，我想要延长时间，让生活更加丰富多彩。但是要怎么做呢？当我们面对一项新鲜的、有挑战性的任务的时候，我们需要吸收更多的信息，同时时间看起来也会过得很慢；而当我们面对的是循规蹈矩的生活时，时间一下子就溜走了。所以我可以通过进行大的改变让时间慢下来：搬去新的城市或者新的国家，换工作，再生个孩子。但是我不想有大的改变，我只能另辟蹊径。

在这个月，我还希望我的时间安排更反映我的价值观。我常常根据他人或者环境做决定，而不是设立好自己做事的优先级。（伊丽莎白经常引用这句台词，“你缺乏计划性不是我的问题”。）

“问题是，”一个朋友说，“我没有一点儿空闲时间。我需要花时间和孩子们在一起，我需要完成家里的琐事。但是，我整天都在工作，而且我还会把工作带到家里做。我真的没有足够的时间。”

“我知道，”我点头，“有时候我为铺天盖地的事情感到力不从心，这几乎让我恐慌。结果我就跑去翻我已经读过的杂志，因为我实在不知道从哪里开始干起。”

“那怎么解决呢？”她问。“我完不成我要做的所有的事情，我就是没有足够的时间。”

我曾经也有类似的感觉。但在 1 月，我决定不再用“我没有时间做这件事”为借口。如果我愿意把时间花在真正对我重要的事情上，那么我就有时间。

睡觉和锻炼是两项最基本的占用我时间的活动。如果我想感觉快乐、精力充沛、思维活跃，我必须有足够的睡眠，即便这意味着没有读完所有的电子邮件，或者放下一本读了一半的书。缺少睡眠会损害记忆力，让人变得容易急躁，损害免疫系统，同时也会导致体重增加。伴侣的睡眠质量也会影响两人的关系。长期缺觉的人以为自己机能正常，但其实他们的头脑灵敏度已经下降了；很多人说他们只需要五六个小时的睡眠，但是只有 1%~3% 的人真的只需要这么短的睡眠时间。这些真正的“短睡者”睡得晚起得早，他们不需要小憩、咖啡或者在周末补觉。（我不奢望当个短睡者，我绝对是个长睡者。）与此类似，锻炼对健康也非常重要，而且我知道如果我有规律地健身，我会感觉更冷静，精力更充沛，也会更幸福。住在纽约市，我每天都得走路（往返于家和女儿们的学校就要走差不多两公里）。我从来不强迫自己拼命锻炼，只要每天锻炼了就好。多年前，我的健身狂父亲帮助我从坐在沙发上吃薯片的常态中脱离了出来。他说，“你需要做的是穿上跑鞋，然后把门在你身后关上。”不管我这个月要实行什么行动计划，睡觉和健身都有不可动摇的重要性。

回到 1 月的计划。首先，为了对时间有更好的掌控，我决定“掌控口袋里的‘办公室’”。同时，身为母亲，我的行为不仅对我自己的时间安排有影响，也会对孩子们的时间安排产生影响。在经历了一番内心挣扎后，我决定实行另一项与时间相关的行动计划：“给孩子自由”。因为我知道如果花时间完成那些我不情愿做但又非常重要的琐事，我会更幸福，于是我决定每天“坚持做一件拖延已久的事”；这应该不会太有趣，但是毕竟，幸福不总是让人感觉快乐。同时，我想要花更多的时间和杰米在一起，于是我邀请他和我一起冒险，“更有创意地生活”。

掌控口袋里的“办公室”

时间管理是普遍存在的问题。和很多人一样，我的口袋里有个“办公室”——与工作相关的没完没了的电话。一个律师朋友告诉我，“我退出了律师事务所的工作—生活平衡委员会。他们问我为什么，我说，‘我的工作—生活平衡不允许我参加那么多会议。’可惜他们不觉得这个回答有趣。”我听到过不计其数的关于时间管理的建议，但是我不想考虑多任务处理的优越性，也不愿意按照优先级排电子邮件，或者用手机应用程序帮我做管理。我需要开拓自己的思维。（更大！）

我总觉得我该去工作了。我总觉得时间不够用，就好像有人拿着枪抵着我的后背说“工作，工作，工作！”我总是在想：我应该开始写新的章节了；我应该再看一遍读书笔记；我应该查阅参考资料了。我很幸运：我爱这些工作，我期待工作。但总是想工作的感觉，和我宁可工作也不做其他同样重要的事情的选择，影响了我的幸福感。

因为办公桌对我有特别的吸引力，所以我的工作和生活之间一直有一种张力，而高科技产品加剧了这种张力，出于以下两个原因。

首先，高科技产品让我在任何地方都可以工作。在我做法官助理时，离开办公室就意味着把工作抛在脑后，而法官奥康纳也绝对不会往我家里打电话。如今，写作是我可以在任何地方做的事情，所以“在家”不再给我远离工作的反差感。在家工作最棒的地方就是不用花时间参加浪费时间的会议，也不用长距离通勤（通勤时间与压力及社交孤立密切相关，是不幸福的主要原因）。我喜欢工作，而且我喜欢每天都穿着运动裤，但这样做的代价是，我走到哪里都要带着我的笔记本电脑。就像弗兰克·劳埃德·赖特说过：“我在哪儿，我的办公室就在哪儿：我的办公室就是我。”我的工作时间是一天 24 小时，一周 7 天，包括节假日。

另外，科技创造了大量的需要持续、快速反应的新型工作任务。我应该回邮件。我应该点开那个网页链接。我应该查看社交平台的新消息。在我采访个人理财专家玛妮莎·萨克的时候，她跟我说起她认为这种生活状态很可怕，“互联网既是我的命脉，也是套在我头上的塑料袋”。另外，这种线上工作很容易给人一种自己很有效率的假象。而根据我的一条成长的秘密：工作是一种最危险的拖延方式。

“我会一直分心，”我的一个朋友提到，“我的注意力从我的孩子跳到办公室政治，又跳到新闻。我其实没有对任何事真正上心。我不能真正地思考。”

“我不觉得分心，我觉得一直被人追赶。”另一个朋友并不同意。“总是有东西要读或者要回复。十年前，我的同事不会在周末给我打电话，可现在我们为什么在周六晚上 10 点还在收发邮件呢？”

不同的人用不同的方法掌控口袋里的“办公室”。我喜欢我一个朋友的策略：她邮件的脚注写着，“请注意：这个邮箱不喜欢长邮件”。还有些人（不管他们是不是信仰宗教）会安排“科技安息日”。“我不看邮件，不接电话，不上网，连手机上的提醒都不看，”一个作家朋友告诉我，“我只看小说。”一个朋友有两个黑莓手机，一个用来看工作邮件，一个用来看私人邮件。“如果所有邮件一起涌来，我真的没办法处理。”她解释道。还有个朋友在每天早上起来最开始的两个小时里不读邮件也不回电话，他用这段时间处理他认为最重要的事情。还有个朋友会在为期一周的度假时间里，通过不给手机充电的方式来强迫自己不读邮件。

有个朋友告诉我，他在周末不回复邮件。“但周一早上，你怎么面对堆起来的邮件呢？”我问。“我周末还是会查看邮件，这样我就知道发生了什么。”（根据我在前面的分类，这是周而复始的匆忙。）有调查表明，在美国，公司职员每天平均花 107 分钟在处理邮件上，但是我一般还要花更多的时间。

“事实上，”他吐露，“我会查看邮件，也会回复邮件，但是这些回复邮件都是在周一一早发出去的。这样，我就在别人心里建立了一个我周末不会回他邮件的心理预期，而且我也不会在周末和别人通过邮件来回交流。”

“但你周末还是回复邮件了，”我指出。

“的确，不过没关系，这样我也能减少工作量，而且可以只在方便的时间回复。”

高科技是个好仆人，但也是个坏主人，而且高科技还可以被用来限制高科技。有些人在特定的时间段用电脑程序来阻隔网络，这样他们就必须得重启才能连上网。一个朋友在交稿之前疯狂地工作，她把邮件的自动回复改成，“如果特别紧急，请联系我的丈夫……”她正确地预见到了，如果事情真的特别紧急，人们会联系她的丈夫，但是他们肯定会三思而后行。

我知道我不该责备高科技，真正的问题不是电脑的开关，而是我心里的开关。为了更加专注，我想出以下 8 条规则来掌控口袋里的“办公室”：

1. 当我和家人在一起的时候，我要把手机、平板电脑放在一边。通常，我检查邮件并不是因为我在等某封重要的电子邮件，而是因为我有点儿无聊，比如在蔬果店里闲站着，等伊丽莎一件件挑选要带什么零食去参加学校的派对，或者看着埃莉诺慢悠悠地画画。这时候，我很难不去查看身边的电子设备，即便没有什么会比一个孩子坐在只盯着屏幕的家长旁边被无视这个场景更值得批评了。（虽然我仍然会为报纸、杂志、书籍或者纸质邮件而分心，但是这个规矩还是对我有很大的帮助。）

2. 我不再在路上查邮件或者打电话，不管是在步行的时候还是在坐公交车、地铁、出租车的时候。我曾经强迫自己有效利用这些时间。后来我意识到，我在这些松散的时间会产生许多重要的想法。弗吉尼亚·伍尔芙在日记里写道：“我在发呆的时候思维最活跃。我最有效率的时间往往是我无所事事的时候。”（一点儿不假，我有个朋友在公交车上结识了她的丈夫。如果他们当时都在使用电子设备，他们就不会有机会认识彼此了。）

3. 在家工作的时候，我总是被一些网上的事情干扰。所以，如果我要做耗费脑力的写作工作，我会去一个街区外的旧图书馆，远离自己用来写作的三个显示器。在图书馆，我完全不使用邮件、脸书、推特和博客，而不是试图抵抗它们对我的干扰——这是“放弃自我控制”的另一个实践。同时，图书馆的氛围能帮助我思考。当我需要休息的时候，我可以在书架间徜徉，而不是去厨房吃东西。

4. 我不在睡觉前查看邮件。我喜欢脑子空空地进入睡觉状态，读邮件带来的刺激会让我清醒，导致我难以入眠。除非听到有人在哭、在吐或者闻见烟味，否则没有任何事能打扰我的睡眠。

5. 我把手机调成静音。有些人用“手机幻听”（fauxcellarm）这个词来形容时不时感觉到自己的手机在响但其实并没有响过的感觉。

6. 如果可能，我要在每天早上完成最繁重的写作工作。很多人的最佳工作时间是在他们醒来后的几个小时，这段时间大概会持续 4 个小时。根据这项研究，我的最佳工作时间是从早上 9 点到下午 1 点。

7. 有些效率专家建议人们每天应该首先完成自己认为最重要的工作；与此相悖，我的一天是从阅读邮件开始的。有一阵子，我试着在家人起床之前，也就是早上 6 点到 7 点这段时间进行写作，但是我发现如果不读完所有的未读邮件，我就无法进入专注的写作状态。

8. 我承认，我更常通过网络和朋友或熟人交流。尽管这不能代替面对面的交流，但是用网络交流总比完全不交流好。

这些方法让我感觉更冷静、更专注，但是我不知道这些方法会不会影响我的效率。有研究证明，在被邮件或者短信打断思路之后，人们需要大概 15 分钟来调整才能再次进入处理复杂的脑力工作的专注状态。专注在一件事上其实可以帮助你提高效率。这项研究让我非常欣慰。

当然，我非常幸运地拥有弹性的工作时间。事实上，我的一项感恩练习就是在每次坐在电脑前，提醒自己我非常热爱我的工作。和其他人相比，我对自己的时间有极大的掌控力；但是如果我不利用这点为自己营造出我想要的生活，那就真的有点儿暴殄天物了。

在 9 月，当我思考我的财富的时候，我意识到我不应该专注于拥有更少或者更多，而是要珍惜我已经拥有的。同理，对于时间，我不应该专注于做得更少或者更多，而是要做我认为有价值的事情。我希望我的生活充满我喜欢的活动，而不是追求遥不可及的“平衡”，这意味着我要花时间去阅读、玩乐、记随笔以及漫无目的地散步。我总是有一种不舒适的感觉，就是如果我没有坐在电脑前打字，我就是在浪费我的时间。但是我迫使自己更广义地看待“效率”这个概念。和家人、朋友在一起绝不是浪费时间。办公室是我工作的地方，也是我的游乐场、我的花园、我藏着秘密的树屋。

给孩子自由

成人和孩子关于幸福感的主要区别在于对时间的掌控。成人总是在抱怨不能很好地掌控自己的时间，而孩子们则缺乏对时间的掌控。作为家长，我对女儿们怎么度过她们在家的时间有很大的影响力。

在我们为伊丽莎新学期的课外活动做计划的时候，我感觉很纠结。这么多课程，这么多选择！如果她想，她可以学任何东西，从中文到象棋，再到大提琴。这些活动都很有趣、很有价值，特别是，如果从职业生涯规划的角度来考虑，这些技能在未来也许能用得上，放在简历上也会很漂亮。但是，如果某个课程并不是伊丽莎想要的呢？比如，我一直很想让伊丽莎学钢琴，但是她不想学，杰米和我应该坚持这个想法吗？我们想为孩子们提供尽可能多的机会。我们因为自己能提供这些机会而为孩子们感到幸运，但是这不能帮我们决定是仅仅提供这些机会，还是把这些机会强加在孩子们身上。

我能为伊丽莎学钢琴想出好多理由——她可以了解基本的乐理知识，养成练琴的习惯，获得受益一生的技能。我们家没有钢琴，但杰米的父母有，而且他们住得很近，就在街角。（埃莉诺数过，从我们家的楼到他们家的楼一共只用走 106 步。）我的婆婆朱迪非常热爱音乐。我确信，如果伊丽莎去她家练琴，朱迪一定会很高兴。

我把自己对钢琴课的想法拿来和几个朋友讨论。“事实上，如果你坚持了足够长的时间，你就会变得很棒，然后你就会喜欢上它。”一个朋友说。

“好吧……”我边说边想，这是真的吗？

“如果家长不督促你，你自己就会放弃。我从前讨厌练小提琴，而我的父母也没有强迫我坚持下去，但是我现在很后悔。”

“你真的认为，你在不喜欢一件事情这么多年之后，还会爱上它？”我问。“对我来说这真的不可思议，人类的本性不是这样的。而且，练琴需要坚持。如果你不喜欢小提琴，你就永远不会享受这个过程。”

她看起来并没有被我说服，但这是真的：爱好者与大师的重要区别就是长时间的努力练习。坚持比天赋更重要，因为建立某种技能的最重要的元素就是愿意练习。你可以让一个孩子去练琴，但你不能让一个孩子发自内心地喜欢练琴。从另一个角度想，好的设备不能保证我们会享受其中，对于工作和练琴而言都是如此。事实上，擅长一件事能遮掩它其实并不令人享受的事实。我曾经非常擅长律师相关的工作，以至于我一直不愿去想换工作，成为一个专职作家这件事。

“如果你真的想学小提琴，那么你就该去上课。”我告诉她。“我知道很多刚开始学习乐器的成年人。”

“不，我现在不会学了。”她淡淡地说。如果过去付出了很多努力，那么现在就能享受结果，产生这种愿望是很简单的；但现在就是要付出努力的时候，而付出努力本身并不简单。

“练琴会让你养成自律的性格，”另一个朋友指出，“如果孩子本来不喜欢练琴，它的效果甚至会更好。”

我非常自律，而且自律是一个很好的品德。但同时，我也能看到自律的危害：我擅长让自己做我不喜欢的事情，但有时候如果完全不做那些事情其实对我来说更好。为了自律而自律其实有点儿多余。就像塞缪尔·约翰逊说的，“所有不是为了除恶扬善的极端之举都是多余的”。学校已经为伊丽莎提供了足够多的机会来养成自律的品格，我还需要在家里强加给她这种自律精神的锻炼吗？

我能看到钢琴课的价值，但另一方面，我也深深相信自由时间的价值，特别是孩子的自由时间，包括无所事事和发呆的时间。哲学家伯特兰·罗素在回忆自己的童年时说：

> 我孤独地在花园徜徉，收集鸟蛋或者冥想，时间倏忽地就过去了。以我自己的回忆来说，童年让我印象最深的，就是那些从未跟人提及的无所事事的时刻。我认为，没有强加任务的放空心绪的时间对年轻人来说非常重要，因为它们形成了我们最深刻的那些印象。

我承认我是个要求严格的家长，而且可能是个极端的代表；我希望我的女儿有效地利用时间，但是我也知道有价值的活动表面上看起来未必有价值。获得学院奖的电影制作人和音效设计师沃尔特·默奇回忆道："我现在 58 岁，我从事的行业是我在 11 岁的时候最感兴趣的事情。但是当我在青春期末尾的时候，我曾经想过：音效设计听起来根本不像一个职业，也许我应该成为一个地理学家或者教艺术史的老师。"我的一个朋友直到十几岁了还在玩儿娃娃屋，而现在她是个室内设计师。另一个朋友在读法学院的时候花了很多时间玩儿电子游戏，后来他离开了法律界加入了一个电子游戏公司。对他来说，学法律和玩儿电子游戏哪个是浪费时间？伊丽莎白有次叹着气告诉我："我真希望小时候能多花点儿时间看电视。"因为现在她是个电视编剧。当我还是孩子时，我花了好多时间做读书笔记，往空本子上誊写名言警句，然后为这些警句配上我从杂志上剪下来的插图，而这就是我现在为我的网站做的工作。许多人都说，孩子们应该被鼓励尝试各种活动，以帮助他们培养兴趣，但是进行这些活动真的会培养新的、未曾存在的兴趣吗？强加一个似有若无的兴趣会不会弄巧成拙，把一个应该由孩子们自己选择的游戏变成了一个父母强行指派给他们的任务。

作为家长，我们希望孩子能充实地利用时间，而且做出能让他们开心的决定；我们希望未来他们能安居乐业。但是我意识到，我希望伊丽莎和埃莉诺过上有效率的、安全的生活这个愿望可能是危险的。"你最好成为教授、律师、会计、老师，或者快点结婚，"很多家长会这么建议，因为"这样比较稳妥"。我知道很多人，他们在踏上了家长许可的这条"稳妥的"道路之后，都或主动或被动地离开了这条路——在他们已经花费了大量的时间、经历、金钱去从事一个他们并不感兴趣的行业之后。我非常敬佩自己的父母，他们在我选择离开法律界转行成为作家的时候给予了我极大的鼓励。看见自己的孩子经历失败和失望，或者进行一件看似浪费时间、精力、金钱的活动，对于家长而言是很痛苦的。但是，家长其实也不知道对他们来说什么是稳妥的，什么是浪费时间的。

所以杰米和我应该做什么？坚持让伊丽莎上钢琴课，还是让伊丽莎自己决定？

如果我们让她上课，伊丽莎也许会喜欢上弹钢琴，也许不会；也许会因此养成自律的性格，也许不会。这个过程中还涉及另一项重要的影响因素：机会成本。这个经济学概念描述的是在做出某项选择的同时，你也放弃了其他的可能。练琴一小时意味着放弃其他可能的活动。如果伊丽莎有这些时间，她想怎么利用她的时间呢？我们得先给她这些空闲的时间，她才会知道自己想干什么。

一方面，我抱着增加才艺且有助于申请大学的想法，希望伊丽莎能掌握各项技能，另一方面，我也清楚地知道，童年的重要一课是发现自己的兴趣所在。如果在去法学院之前，我曾经思考过自己在业余时间最常做的事情是什么，我也许会更早开始写作。我不后悔我曾经做过什么，我在法学院过得很快乐，我也怀念那些当律师的日子。但是，我的律政生涯可能其实并不如我想的那么美好，否则我也不会鼓起勇气尝试写作。

不管是儿童还是成人，当我们面对宽松的时间，并且没有特别的方向，没有被故意引导着去做什么，也没有任何任务安排的时候，我们一定会选择属于自己的职业。

“成长的过程中，我的外在环境非常无聊，”一个很有创造性的朋友回忆道，“这导致了我的内心活动非常丰富。”

“的确，”我回答，“无聊确实很重要，它正是你发现自己真正想做什么的时候。”

经过一个月断断续续的思前想后，杰米和我决定继续“给孩子自由”——以防止我们自己会破坏它。我们希望伊丽莎“做自己”，即使这意味着她不会去上钢琴课。我们希望她能把在家的自由时间看作探索和选择的好机会。就像老话说的，“爱你已有的孩子，而不是你希望有的孩子”。另外，我也同意蒙田的看法：“最不受制约的、最自然的方式是最美好的；最棒的职业是最不用被强制去做的职业。”

当无拘无束地待在家里的时候，伊丽莎会用她的自由时间做什么呢？她会和自己下象棋吗？还是做化学实验，写十四行诗？为动物救助站的义卖做筹划？这些都不是。她花了大量的时间照照片，做视频，花了更多的时间浏览自己做的视频。不管这是不是我希望她做的，这都是她自己的选择。

“你想参加做视频的课吗？”我问。“学习怎样编辑视频、添加特效的那种？你为什么不加入课后的动画短片俱乐部呢？”

“不，”伊丽莎摇头。“我不想和一群人一起学。我喜欢自己弄明白，然后做自己的东西。”

“你想读相关的书吗？”

“当然。”她说。我给她买了两本书，一本介绍了怎么用苹果电脑制作视频，另一本是关于艺术家辛蒂·雪曼的故事。

坚持做一件拖延已久的事

循规蹈矩并不该被抹上贬义的色彩。的确，创新和挑战能带来幸福感，乐于打破常规、尝试新鲜事物、常去旅游的人会更幸福，但是循规蹈矩也能带来幸福感。每天用同样的方法做同样的事带来的愉悦不应该被忽视。按部就班的日常生活也能产生一种特定的美感，而且它在无形中构筑了我们的生活形态。安迪·沃霍尔写过，“要么仅仅一次，要么每天如此。如果这件事你就做过一次，那它一定是令人激动的；或者你每天都做某件事，那它一定也是令人激动的。但是，如果一件事你做过两次，或者几乎但不是每天都做，那这件事就不那么有魅力了。”

我想借助习惯的力量去完成一些一直被拖延的任务。我几乎每天都做的事情比我隔很长时间才做一次的事情更重要。我的第 1 条普适真理是，“我需要在一个成长的氛围中，思考感觉很好、感觉糟糕和感觉正确，如此才能收获幸福”。虽然我的很多项行动计划都旨在让我感觉很好，但现在我决定每天花一刻钟逼迫自己做一些拖延已久的事情来感觉糟糕。一刻钟！如果只做一刻钟，我可以做任何事情！

我完全清楚我想最先完成的事情是什么——从 9 月开始筹划家庭圣地的时候我就蠢蠢欲动了。没能及时整理全家福照片对我来说是一个持续已久的隐痛。我不断为家人照相、拍视频，但是我没有及时整理它们，把它们变成永久的珍藏。

我相信全家福照片有重要的意义。回忆过去的幸福时光能增加现在的幸福感，看挚爱的人的照片是一个能让人心情愉悦的简单方法。

另外，类似相片、纪念品、老杂志之类的物品能勾起更多的回忆。看相片能帮助人们回忆得更清楚，让人想起来相片以外的一些事。我很容易就会忘记过去发生的很多事，但是看相片帮我回忆起了那些幸福的细节，否则这些细节怕是会被我永远地忘却了。

当我们在堪萨斯城过节的时候，我安排了一个专业摄影师为我们拍全家福。请专业摄影师拍照确实价格不菲，但是全家福照片是我最珍贵的财富之一，它能给我带来巨大的幸福感。当然，虽然我爱这些高质量的、能作为传家宝的相片，但日常生活中我随便拍的相片也一样重要。它们其实是一种家庭日记，记录了我们的日常生活，还有那些小的成就和庆典。我不能想象有天我会忘记伊丽莎炫耀她新打的耳洞时的激动神色，或者埃莉诺在婴儿时期不停摸肚脐的习惯动作，然而当我看见这些照片时，我意识到这些记忆已经开始褪色了。

我一直很喜欢家庭相片，但是数码相机改变了我对待它们的方式。用旧式的相机，我会在拍完一两卷胶卷后把它们交给照相馆冲洗，然后几天后去取相片。在攒够了一叠相片之后，我会花几个小时一边看电视一边把相片放进相册里。总是有一些照片照糊了或者照红眼了，但是即便如此，我还是积累了很多完美的相册。

近年来，数码相机让照相和修图变得更容易，但这是一把双刃剑。我喜欢照相，但是处理相片并把它们永久保存需要花比以前更多的时间和精力。我可以用网络软件做电子相册，我可以轻松地去除红眼、剪切照片、编写标题，这些都很棒，但是也都需要花时间。而且和原来不一样，我不再能一边看情景喜剧一边不动脑子地筛排相片；现在，我需要坐在电脑前敲敲点点，就像我每天工作的时候那样。

同时，原始的整理相册的过程是令人愉悦的手工工作；而这些相册是我用双手创造出来的为数不多的劳动成果之一。

手工工作，比如园艺、伐木、烹饪、修家电、逗宠物、修车或者织毛衣可以在很多层面给人带来满足感：锻炼了身体，获得有实质感的工作成果和运用工具的快感，材质本身也很赏心悦目。（当然，对一些人来说，这些活动可以称得上是苦差事。别忘了那条成长的秘密：对其他人来说有意思的事情，未必对我来说有意思，反之亦然。）即便是非常有创造性的活动，比如编辑视频或者设计网站，也不会带来这样的满足感，而有些简单得称不上“有创造性”的活动，比如生火或者整理抽屉，反而会因为它的真实可触而让人异常满足。

虽然我从来没能熟练地掌握类似刺绣一类的技术活（我努力过），但我还是从我的手工创造中获得了莫大的满足。小时候，我会在苹果里塞满丁香花，把它做成一个花球，在“空白书”里画画写字；上大学的时候，我会把自制的珠串手镯送给朋友。我曾经喜欢做相册。但现在，做相册意味着更长时间地坐在电脑前，这让我很难喜欢上这项工作。我的相机和手机里囤积的相片越来越多。

看见一列列的数码相片让我很焦虑，因为我担心我的电脑会因为死机或者更新系统而误删掉这些文件。旧式的相册可能会被大火或者洪水摧毁，但是不知为什么它看起来就是更安全，而且和女儿们坐在一起翻看相册肯定比挤在屏幕前浏览数码相片要有意思。

一方面，我想做一个精美、可爱的相册：相片都经过仔细的编辑、排列，每张相片都配有长长的、认真编写的标题，帮助我们在未来想起曾经发生过的事情。但是每当我想到要把几百张数码相片变成相册的时候，我就感到很绝望。我已经拖了这么久，我都不知道该从哪儿开始了。

我总是提醒自己，要在“空闲时间”整理相册。事实上，我从来没有过空闲时间。我从来没有在家里无所事事地找事情做的时候。但是现在，做相册对我来说很重要，所以我要把它写在日程表里，就像预约儿科医生一样。我每天都要忍耐这痛苦的一刻钟。

从 1 月 1 号起，每个下午，我都在手机上定时一刻钟，然后在这段时间兢兢业业地整理相片。（为了让自己开心，我每天都换不同的铃声，我最喜欢的一个是蟋蟀叫。）我没有计划要花多少天来完成这个工作，因为我知道我肯定要用比计划的更长的时间才能完成。这符合“计划悖论”（planning fallacy），这一概念描述了一个普遍存在的心理学预期，即我们倾向于低估需要用来完成一件任务的时间。

也许这体现了我“全或无”的戒除者心态，但是，很违反直觉的是，我发现当我试图督促自己做一些事情，而且我真的每天都去做的话，那么坚持起来就容易得多。每天写博客比每周写三天要容易，每天散步 20 分钟比某些天去散步要容易。我不再纠结于“今天还是明天”，或者“要不然今天就歇一天”，没有借口，必须执行。

在我真的开始做这件事之后，我发现它其实并没有那么糟糕。一开始，我觉得就工作那么一小会儿不是很有效率。我在第一天的一刻钟里只完成了删掉相机上不想要的照片这件事。

在删掉了我不想要的相片之后，我需要弄明白怎么上传我想要的相片。接下来的几天，当我弄清楚我该做什么的时候，15 分钟的时间也到了，但是我不允许自己在今天继续下去。最后，我用默认的时间排序方式上传了照片。我在选择默认模式前犹豫了一下，然后我复述了我最喜欢的成长的秘密（启发自伏尔泰）：“不要让完美成为优秀的敌人。”我想要一个完美相册的愿望一直在阻碍我开始整理相册。但我实际上只需要做一个足够好的相册，然后把它完成——这是最重要的。我没有写标题，没有剪切，也没有做很多事情来美化图片，但是我把相册做完了，两大本相册！

当电子相册的纸质版寄到的时候，我开始了这个行动计划的下一个阶段，为相片手写标题。我用了好几个一刻钟的时间坐下来动手写标题，最后我终于完成了。我的笔记很潦草，而且我本应该写更长、更有趣的标题——但不管怎么说，我写完了，我感觉如释重负。

现在，我终于整理完了相机里的相片，但是我怎么才能不让自己再次陷入堆积如山的相片中呢？我往后翻了几个月的日历，然后在春假结束那天的日历上标注：“做本新相册。”

当看到相册安全地躺在架子上时，我再一次体验到我在实行幸福计划的过程中经常出现的感觉：完成一件有挑战性的任务能为完成另一件有挑战性的任务提供能量。当电子相册按计划完成之后，我转头开始关注海量的家庭视频。它们都被存在过时的小型录像带和光盘里。整理这些录像带除了需要我花钱（很多钱）把它们转成 DVD 以外，不需要我做任何麻烦的事情。但即便是如此简单，我也已经把这项任务推迟了好几年。曾经乱七八糟的一堆——8 张小型 VHS 录像带和 8 张小型 DVD，现在变成了 3 盒标准 DVD。

这每天让我“感觉糟糕”的一刻钟，证明了如果我每天都能安排合理的一点儿时间做拖延已久的事，就这么积少成多，我能完成多么繁重的任务。就像成功改革英国邮政系统的多产作家安东尼·特洛勒普所说的，“每天都做的事情，如果真的是每天都在做，那么积累起来将会比大力神偶尔为之的工作成果还多。”

这项工作看起来非常浩大，但是水滴石穿、绳锯木断，最后我还是达成了完成它的目标。只要我开始做，其实这并不难。

更有创意地生活

心理学家致力于找到能揭开性格秘密的最全面、最优雅的模型，而近年出现的“大五人格”模型被认为是最行之有效的一个。它通过以下五项要素来衡量性格：

1. 经验开放性（Openness to experience）：精神关联的广度
2. 责任性（Conscientiousness）：对压抑的耐受性，比如自我控制、计划
3. 外向性（Extraversion）：对奖励的敏感度
4. 宜人性（Agreeableness）：对他人的敏感度
5. 神经质（Neuroticism）：对威胁的敏感度

如果按以上顺序排列，这五项要素可以被缩写成 OCEAN（海洋）。

我完成了纽卡斯尔人格评估测试并用以上五项要素来评估我自己，结果显示，我非常“尽责”，这在我的预料之内。我总是按时交稿；我有规律地健身；我按时付清账单；我总是及时带孩子们打疫苗。事实上，我的尽责态度是我最喜欢的品格。

杰米也非常尽责。虽然他的尽责并不体现在完成那些我希望他能完成的任务，比如他不会去听语音信箱，但是对于那些非常重要的事情，他绝对靠谱。这是作为伴侣的一项优秀品德。

我们性格里都有这个特点，因此我们非常尊重对方。我不会让他关上电脑，他也不会因为我说“这周六我要去图书馆待上几个小时”而抗议。我们都不喜欢迟到，所以会提前好久去机场候机，或者早早到达电影院等待电影开场。

负责的态度简化了生活中的很多事情。研究表明，负责的态度也许是长寿的重要因素之一。但是，负责也有坏处：我和杰米不能随意切换状态。好的品德也可能让生活变得粗糙。作为夫妻，我们努力工作，不浪费时间。我们基本上不喝酒。我们会花很长时间在电脑前工作。我们不怎么度假，也基本上不去附近社区以外的地方闲逛，或者更改每天的计划。循规蹈矩的生活很适合我们，但我想也许我和杰米应该一起享受更多的乐趣。

就像我需要警惕自己过分简化生活的冲动，我也需要警惕自己对于有节制、高效率的生活习惯的过分依赖。我不想每天十点准时睡觉。“我希望自己现在不要太过简朴，就像我以前希望自己不要太过奢华。”蒙田如是说。“智慧和愚蠢一样需要适量，不多不少。”或者就像我告诉自己的，绝不过分地做某件事，连适量的准则也不能过分执行。

虽然研究表明创新和挑战能增加幸福感，但是在我开始我的幸福计划的时候，我曾深信这项研究结果并不适用于我。对我来说，我相信熟悉和掌控是通往幸福的关键。但是当我逼迫自己尝试新鲜事物时，我就发现我错了。即便是对于像我这样的人，创新和挑战也能带来很多幸福感。这是个有关幸福的悖论：控制和掌握能带来幸福感；惊喜、创新、挑战同样能带来幸福感。事实上，预料之外的积极活动会让我们更幸福，因为惊喜的感觉能让整个体验更强烈。

对于夫妻来说，创新和激情能刺激大脑分泌在恋爱阶段产生的那些化学物质。研究表明，做“刺激的”事情（或者说不经常做的事情，比如骑单车）比做“愉快的”事情（比如看电影）能带来更强烈的浪漫感，即便是一些很小的事，比如去新的餐厅吃饭，或者和不同的朋友见面，也能提升婚姻的幸福感。

然而，杰米和我在工作中都面对着大量的甚至是太多的创新和挑战。如果我们的婚姻是一个舒适、安静、有秩序的港湾，我们会更幸福吗？或者，我们应该更有冒险精神？在某个悠闲的晚上，我们是应该待在床上读书然后早早睡觉（我们现在就是这么做的），还是应该一起去参加烹饪课？

研究结果很清晰：如果我们一起做新鲜的事情，我们会更幸福。我希望自己能主动计划一些有趣的事情，但现在基本上每次都是杰米建议我们去旅行，看电影，或者去吃冻酸奶。同时，虽然我们很愿意花时间和伊丽莎、埃莉诺在一起，但如果能有更多二人世界的时间就更好了。劳拉·万德坎在她的作品《168 小时：你比自己认为的有更多时间》（*168 Hours: You Have More Time Than You Think*）里指出，一般来讲，已婚的、有孩子的伴侣会比之前花更少的时间和彼此在一起。调查显示，在 1975 年，受访的已婚夫妇每个礼拜要花 12.4 个小时在一起；到了 2000 年，对于同样的受访者，这个数据就缩减为 9.1 个小时。

我意识到这里面的讽刺意味，我决定我们要更努力地享受生活。我曾经想不提前做规划，随性地为我们两人安排活动。但是怎么实现呢？我和伊丽莎的每周三的探险行动给我提供了灵感。也许我和杰米应该做一些类似的事情。就像我做出“温暖地问好和告别”的计划一样，我决定再次无视我的第6条普适真理——“我能改变的人只有我自己”。这一次，我要说服杰米和我一起完成这个行动计划。

有天晚上我和杰米提起这件事。当我们一起走路回家的时候，我问他：“你知道伊丽莎和我每周去探险的事情吗？”

他点头。“这真的很棒。我很开心你们在做这件事。你们昨天去哪儿了？”

“我们去看了儿童图书展销会，非常有趣。事实上我在想，也许咱们俩也能做些类似的事情。不是每周，那样太频繁了。但是可以每月一次，就咱们两人去探险，怎么样？”

“你想做什么？”他问。“去看马戏吗？”

“嗯，我们可以在市里不太熟悉的地方散步，我们都喜欢散步。我们可以去苹果专卖店，学习用平板电脑。我们可以去一家很棒的书店。”

“嗯……”这是他唯一的回复。

我把这件事放下了。我知道，介绍一个新想法给杰米的最有效的方法是，暂时不再提及，让这个想法在他的大脑中沉淀一阵子，再在某天提起，而不是每30分钟都重复一遍。我已经习惯这么做了。

我等了几周。然后，当一次我们等着和埃莉诺的老师会面的时候，我再一次提起这件事。

“每月去探一次险怎么样？”我问。“你想试试吗？”

杰米若有所思地低下头看手机，也不说话。我咬着嘴唇想，“他真是故作粗鲁！我已经告诉他好多次了，我不喜欢他不回答问题。”然后，10月的“关注积极乐观的一面”在我脑中闪现，我提醒自己，“他不是故作粗鲁”。然后我意识到，他的确不是故意的。

又等了几周，我做出了最后的尝试。我们第一次把伊丽莎和埃莉诺单独留在家，没有一个成人在旁边陪着她们（又是一个悲喜交加的里程碑），然后我们一起出门花了一个小时办杂事。在回家的路上，我又问他：“每月去探一次险怎么样？你怎么想？”

“什么每月探一次险？”杰米问。

“你知道，”我尽可能不让自己为他的回复感到愤怒，冷静地说，“就像我每周和伊丽莎一起去探一次险，你和我两个人，每个月一起计划一次行动。”

“听起来很有趣，但是计划赶不上变化。”杰米叹气。“理论上我愿意，但是我不知道会不会临时生变。这样可以吗？”他用手臂搂抱着我。

“没关系，”我安慰他，“我理解你的感受。”

我确实理解，而且在未来我也不会纠结这件事。第 6 条普适真理确实是事实。我只能为自己做计划。就像伊丽莎白曾经点评那些有创意的行动计划那样，“你需要的是志愿者，而不是抓来的壮丁。”我不愿意在我们之间营造唠叨、算计、怨恨的气氛。

事实上，因为杰米不太愿意完成计划，我反而感到一种解脱。在我们本身就很紧张的时间表中加入新的计划是一件好事吗？“我和我的丈夫每个礼拜都有个‘约会之夜’，已经持续好几年了。”一个朋友告诉我，“但最近，我们在那些约会的晚上只剩下争吵了。现在，我们把这些约会放在一边，就在家和女儿一起休息、早早睡觉。即便我们在家还是会争吵，至少这给我们省下了保姆费。”

杰米和我都处于事业上升期，我们忙碌且疲惫。感谢杰米的努力，我们确实腾出了时间去看电影，就我们两个人，并且偶尔我们也有机会去和朋友一起吃晚饭。如果加入每个月的探险是一个负担而不是享受，我们就不会以此为乐。也许几年之后，我会再次提起这个计划。

• • •

同一时间，在 1 月的最后几天，我感觉自己情绪低落，仿佛在经历幸福计划的土拨鼠日（时间也正好，土拨鼠日[①]日渐临近）。当我回首过去几个月的计划表，我看见某些页上连续画着叉；同一些行动计划一遍又一遍地让我气馁。我没有取得太大的进展。

我总是没能让自己满意地完成“逐一清理”这项行动计划。没什么被完全做完了；我清理了一个架子，几周之后，上面又出现了好多杂乱的东西。我换了灯泡，然后另一个灯泡又坏掉了。我又得去剪头发了，我不想剪头发。

比这些重复无聊的工作还要糟糕的是我的缺点，它们一点儿不见改进。我在计划表上写下一样的行动计划，月复一月，但我总是完不成最重要的那几项，一遍又一遍。我对自己感到厌倦：我违背了自己要做得更好的承诺，我还是心胸狭隘、容易积怨，我那些令人厌烦的恐惧、狭隘的当务之急还在那里。我对女儿们恶语相向。我还是害怕开车。我没能珍惜当下。

我对自己不太满意的那些方面（虽然接受这个现实没有让我不开心）反复出现在我的生活中。比如，我有绕头发的习惯。我一直有这个习惯；曾经我想改掉这个习惯，但是现在我知道我永远改不掉。我不会因为绕头发而为难，除非我拉断了头发（这样反而很有趣），虽然其他

---

① 土拨鼠日（Groundhog Day），北美传统节日，每年的 2 月 2 日，寓意冬天还有 6 周结束。——译者注

人不会留意，但是断掉的头发会从边缘处分叉打结。

此外，我的脾气越来越坏。有天早上，我把头转向厨房水槽的时候不知道怎么就肌肉痉挛了。我感觉非常、非常地疼，而我眼前还有一整天的忙碌日程。像往常一样，杰米花了几分钟听我描述痛苦之后，拿出了“别让这个影响咱们的一天”的态度。

伊丽莎宣布：“我要走了。”然后，我们都花了一点儿时间给她温暖的告别。接下来我对杰米说：“你来帮埃莉诺穿衣服，我要吃点儿止疼片。”

十分钟后，杰米从埃莉诺的房间出来，给我一个亲吻：“我得走了。”

“埃莉诺已经穿好衣服了？”我惊讶地说。

“她说她要自己穿。”

我扫了一眼她的房间。埃莉诺光着身子坐在地上，明显在赌气。

“这就是你帮她穿的衣服？”

“我得去办公室了。”

我给了杰米一个我能做的最为不友善的带着不屑和愤怒的表情。“你就走吧！”我叫嚷着。

他走了。

一整天，我为自己的那声叫嚷心神不安。我的脖子疼，于是我把怒火撒到了杰米身上，然而，我的反应让所有事情都变得更糟糕。我想道歉，但我觉得应该是杰米先向我道歉。他没有。

那天晚上，我们依然进行了愉快、正常的交流，然而我感觉糟透了。我花了很大力气才鼓起勇气说，“今天早上，我向你摆臭脸了。我很抱歉。我当时很着急，但是向你吼是不应该的。”我满意于自己主动道歉的行为，我给了他一个拥抱和一个吻。

“没什么。”杰米说，就好像他压根没想过我为什么摆臭脸或者根本没有意识到他自己的错误一样。这又一次让我怒火中烧。他都没有注意到我摆臭脸吗？他记得当时为什么会被吼吗？

我徒劳地反复思考同一个问题，即便我举止得当、解决了难题，我仍然很少能得到我想要的奖励。（即便是圣女小德兰也承认，她偶尔会因为他人无视善的行为，却对恶的行为纠缠不休而困惑："我注意到：如果某个人总能完成她的任务，而且从来不找借口，没人会知道；相反，犯错很容易被发现。"）但是，我就不能表现得更好些吗——为了我自己？

此外，当我尽力试着让自己更专注的时候，我反而会常常陷入心不在焉、心猿意马的状态。有一次，我的儿时伙伴南希要从瑞士来纽约待上几周，我邀请她带着两个儿子来我家吃饭，但是之后我完全忘记了这件事。直到门铃响，我都没有记起来。我听到杰米疑惑地问，"哪个南希？"

"南希！那是南希和她的两个儿子！"我跳起来，开始疯狂地收拾屋子。"他们来吃晚饭！"

"现在？"杰米不可置信地问。

"对，我忘了他们要来吃饭！请他们进来！"

之后，我们吃了外卖比萨，度过了一个愉快的晚上。对我的过失，南希非常理解，而杰米觉得很搞笑。尽管那天晚上过得很快乐，我还是为自己生气——我怎么能忘记这么重要的事情？我有关童年的最清晰的记忆之一，就是10岁的时候和南希一起走路去图书馆。她对我来说太重要了，我不可能忘记。如果我不每隔几小时就查日程表，那么我能记住什么呢？

我不仅为自己的缺点感到沮丧，而且我感觉自己对幸福这个主题有些魔怔了。不管一件事情多么不相关，我都会觉得它能给我带来有关幸福的启发。我买了一张新的地铁卡，漫无目的的一瞥让我看到上面写着的一句爱默生的名言："生活的列车是由一节节载满了情绪的车厢组成的，就像一串玻璃珠。而当我们从这些载满情绪的车厢中走过，我们会发现它们更像是一片片彩色镜片——不但将世界染成它们自己的色调，而且只呈现它们焦点内的东西。"我没有为自己的意外发现而惊喜，而是提醒自己要谨言慎行、更有意义地生活；这种想法让我感觉困扰。

我并没有厌烦这个幸福计划，我没有为一直"保持幸福"而感到压力太大，但我对自己的讲话方式、思考方式感到厌烦。我的生活循规蹈矩，平淡无奇，我一遍又一遍买一样的衣服（灰色的 V 领套头毛衣，橘黄色的、有弹性的帽衫，黑色的开衫），我觉得我的思维方式也日渐僵化了。

我找出恢复幸福感的锦囊：早睡觉；重读《铁路边的孩子》（*The Railway Children*）[①]；回复拖了很久的邮件；为伊丽莎和埃莉诺拍一些可爱的照片；特别热情地向每个人问好、说再见。我有一个行动计划是"忘掉结果"，或者说漫无目的地记笔记，所以我给自己放了个假，总结了一些我违反了通常幸福专家会给出的建议的行为：

- 杰米和我在卧室里放了台电视，而且电视越买越大。
- 我们同意伊丽莎在没有任何人监督的情况下在她的卧室里用电脑。
- 我为女儿们铺床，而不是坚持让她们自己铺。
- 我从来不问我的家人类似"能不能告诉我今天在你身上发生的三件幸福的事"这样的问题。
- 我从来不和杰米两人单独约会。

---

① 英国女小说家意蒂丝·内斯比特（Edith Nesbit）的代表作。——译者注

- 我不要求女儿们写感谢卡。
- 只要可能，我读书的时候一定会吃东西。
- 杰米和我会一整个晚上收听电台里的新闻。
- 我拒绝尝试冥想。

在这段消沉的时间里，一次，我和一个爱读书的英国朋友一起吃午饭，我们开始谈论起读什么书能让我们开心起来。（我仍在寻找可行的治愈方法。）

“我总是读塞缪尔·约翰逊。”他说。

“真的吗？我也是！不是约翰逊就是儿童读物。”我非常高兴又发现了一个热爱约翰逊作品的人，“我不知道你喜欢约翰逊。”

“哦，当然。我读过他所有的作品，反复读过很多遍，包括自传，还有约翰·鲍斯威尔的传记。”

“我爱约翰逊，欲罢不能！他简直是我作为作家的榜样。”

“你在编词典吗？”

“没！但是他的《漫步者》短篇集就像是18世纪的博客一样——约翰逊每周写两次，每次快速完成一篇文章，只写他想写的题材。我也在写类似的东西。”

“但是约翰逊的写作题材很沉重、严肃。”

“他写人性，这是让我最着迷的题材，”我说，“还有日常生活中的实践。事实上，我是个道德评论者，虽然我从来不在公众面前承认这点。这听起来又无聊又像是说教。”

“听起来确实有点儿过时。”他笑着说。然后，我们开始分享自己最欣赏的约翰逊作品的句子。

“我现在就想立刻回家重读詹姆斯·鲍斯威尔的《塞缪尔·约翰逊的

一生》。”在我们起身打算离开的时候，我宣布。

“我也是，我要回办公室读。”

他回了办公室，而我一到家就马上开始重读《塞缪尔·约翰逊的一生》，这确实让我感觉好多了。回顾一些伟大人物的生平让人欣慰，比如塞缪尔·约翰逊、本杰明·富兰克林、托尔斯泰和圣女小德兰，这些人在他们的生命中一次又一次地做出了正确的选择。就像约翰逊对鲍斯威尔说的：“先生，你太不了解人性了，你居然不知道一个人可以有很高尚的原则，同时却有很龌龊的行为。”我的原则是坚定不移的，而我的行为能通过练习而进步。

还有件颇具讽刺意味的事情。在我们终于结束了关于是不是要让伊丽莎学钢琴的反复纠结之后，有天下午，伊丽莎走进厨房并宣布：“我想学弹吉他。”

“真的吗？好吧……当然可以！”我说。

|第 6 章|

身体　在经历中体验

幸福、知识，不在别处，而在此处。

不是他日，而是此刻。

——沃尔特·惠特曼

- 拥抱好味道
- 礼貌地敲门
- 好好过节
- 跳上几步
- 尝试针灸

每次我踏进家门，我都会被家所特有的气息触动，我所闻到的味道就是我的家对我打招呼的方式。家是一种心理状态，也是一种生理体验。“幸福”这个概念看起来非常抽象、不切实际，在2月，我希望把我对幸福的想法和我的身体联系起来。“在经历中体验”，我经常这么告诫自己。

我越是思考幸福，就越能感受切实、具体的价值所在。那些空洞的建议，比如“找到方法放松”“爱自己”“要乐观”对我来说都很模糊，没有太大帮助。我觉得，遵循可以被准确评估的行动计划更简单，比如“在早上唱歌”“记一句话笔记”“提出积极的论点”。专注于我的身体体验能让我的行动计划更切实可行；而且，身体力行本身就有特别的意义。

一天，晚饭后，我帮助伊丽莎用心形贴纸、银色闪粉和花体字装饰情人节的盒子，这一刻，我觉得孩子们的存在让我幸福；因为她们促使我与外在世界进行了更深层次的实体互动。如果我独自生活，那我只会心不在焉地在公寓里走来走去，读书，写作，然后每天晚上吃麦片果腹。伊丽莎对柔软的羊毛毯子的热爱，埃莉诺吃棉花糖时的欣喜，橡皮泥的质地和颜色，除臭剂和管道清洁剂在厨房各处散落——和女儿们在一起，让我对这些日常生活中的快乐体验有了更鲜活的感知。

在我的上一个幸福计划中，我实行了一些与身体相关的行动计划，比如“早睡”、“坚持锻炼”还有“表现得精力充沛”，我觉得这些行动计划极大地提升了我的幸福感，让我得以一直保持着精力充沛。这个月我也要实行类似的行动计划，专注于身体感受对幸福感的影响。我计划通过“拥抱好味道”和“礼貌地敲门”来提醒自己更关注嗅觉体验和听觉体验。通过“好好过节”，我希望把节日的早餐变成幸福的推进器。为了增强我的体验感、让身体更健康，我又制订了“跳上几步”（就是字面意义的上下跳）还有“尝试针灸”的行动计划。

这些侧重身体感受的行动计划都有相关的研究结论作为支持，而且我是带着极大的兴趣去阅读这些科研报告的；然而，尽管我对这些幸福相关的科学研究有无尽的兴趣，但我越来越不那么相信研究得出的结论了。第一，我发现，不同研究的结论大相径庭，甚至相互矛盾。锻炼真的能让人更幸福吗，或者仅仅是因为幸福的人更喜欢锻炼？第二，我读到了一些令人难以置信的论证。根据某些研究结论，孩子们的存在不会让家长更幸福；然而，不管是以我的个人经历而言，还是以大多数家长的共识而言，孩子们确实是重要的幸福感源泉。

最近，我开始用读小说、哲学著作或者传记的方式读科研论文：以发现新的有关幸福的想法和观点为主要目的。科学研究能引人思考，特别是当结论和通常的想法不同，或者提出了新的需要考虑的因素的时候；但同时我也变得越发谨慎，我希望能用自己的经验验证这些新想法是否正确（虽然这样必定会在一定程度上限制我的想法）。

鲍斯威尔提到过，当他对约翰逊提出自己无法反驳贝克莱主教（Bishop Berkeley）否认物质存在的说法时，约翰逊愤怒地踢着大石头说："所以我才要反对！"以我的个人经验而言，锻炼能增强幸福感吗？当然。我的孩子们能增强我的幸福感吗？是的，确实如此。所以，我不同意某些科学研究的结论。

当我考虑这个月以"身体"为主题的行动计划的时候，我希望自己特别留意我正切身经历的一切——并非不考虑他人的理论或论证，而是关注什么方法对我来说是行之有效的。

拥抱好味道

细心是感知幸福必不可少的美德。但是，我不是个细心的人。当我试图更留意我所经历的稍纵即逝的幸福或不幸福时，我发现许多琐碎的事情都在影响着我，有些事甚至细微到难以察觉的地步。

比如我对气味的感觉。

埃莉诺让我察觉到了这个方面。她有个好鼻子，经常对我几乎察觉不到的或好或坏的气味做出反应。多年前，我用婴儿车推着她在莱克辛顿大街走，她突然转过小脸，满怀惊奇地问："妈妈，那种香香的味道是什么？"她看起来非常高兴。这种香香的味道是纽约市街道的标志——从卖蜂蜜烤坚果的推车中飘来的香味。我从来不会留意这些推车，但她是对的，烤坚果好闻极了。此外，每当我们把她放进汽车里，她就会号啕大哭，因为她非常讨厌车里的味道，此外，她还拒绝进入中央公园动物园里臭气熏天的企鹅馆。

埃莉诺的反应让我对气味的力量感到好奇。我读过的一些研究也介绍了很多与嗅觉相关的有趣现象。出乎我的意料，不像与生俱来的味觉，嗅觉是后天形成的。也就是说，没有东西是香的（玫瑰）或者臭的（腐坏的肉），直到我们学习到这种气味是香的或者臭的。普通人能认知、记忆大约 10 000 种味道。在闻到某种气味后，我们会渐渐适应这种气味，然后需要远离这种气味几分钟后才能再次察觉到这种气味。虽然我们经常忽视气味的重要性，但是嗅觉缺失的人们往往会陷入抑郁——他们对美食和性没有兴趣，他们往往有睡眠问题，而且感觉自己和世界脱离。而我看到的与此相关的最让我感兴趣的研究结论是：我的幸福感会影响我的嗅觉，反之亦然。一个心情愉悦的人会觉得某种中性的气味（比如医用酒精）更好闻，而且不会那么反感不好的气味；同时，闻到香味可以帮助人们减轻焦虑，增强对疼痛的耐受力。

某种特定的气味能迅速而强烈地唤醒一段回忆。一个著名的例子是，当法国作家马塞尔·普鲁斯特闻到泡在菩提树茶里的松糕的味道时，他拾起了遗忘许久的记忆。因此，这种由气味激发的、不由自主涌现出来的鲜活回忆也被称作“普鲁斯特回忆”。豪尔赫·路易斯·博尔赫斯写道，“当我在世间，我需要的仅仅是桉树叶的味道，它让我想起来阿德罗戈城的失落的世界；毫无疑问，这一切现在都仅仅存在于我的记忆中了。”我喜欢爆米花的味道，这让我想起来我的母亲；还有蜡笔的味道，这让我回忆起我的童年。我的一个朋友向我提及她的“普鲁斯特回忆”：“去上班的路上，我经过了一个用了黑色达卡古龙水的男人。我前男友就用这种古龙水，因此这让我整个早上都不开心。”

当我了解了气味对情绪的种种影响，以及气味对保持精力充沛和心情愉快的重要性之后，我便制订了“拥抱好味道”这个行动计划。

当我阅读雷切尔·赫尔兹的《欲望的气息》(*The Scent of Desire*)时，我被一条注释吸引了。赫尔兹在其中描述了帝门特香水清新自然又与众不同的香气。我浏览了帝门特的网站，并为它提供的气味选择之多而眼花缭乱：竹子、干净的窗户、灰尘、波旁酒、雪、草、洗衣店、紫丁香、冰冻的池塘、栀子花、新西兰、蒸汽房。

我想："真希望我能亲自去闻一闻。"然后我意识到，我当然可以！作为一个不怎么购物的人，我必须提醒自己，我可以买一瓶香水，而且女儿们也会喜欢这些味道。

我把不同气味的香水加进我的购物车：篝火、纯肥皂、海风。还有保加利亚玫瑰，因为我喜欢玫瑰，而且玫瑰也是我的幸福计划的标志。我一定要买精装书气味的香水。但是蚯蚓的气味？我的好奇心没有强烈到让我买它的地步，谨慎地做决定也是非常重要的。

周六，帝门特的包裹到了。"过来！"我叫上伊丽莎和埃莉诺，"过来闻闻这些味道！"

我们开始一一试闻这些香水，然后猜测它们到底是什么的气味。不过，在猜完所有的气味之前，我们就不得不停下来，因为埃莉诺感觉头痛。她从来没有头疼过，所以我非常担忧，我意识到：是因为埃莉诺对味道太敏感才会这样！她已经被很多种强烈的气味刺激了一个小时，怪不得她会头疼。

我一直不屑于使用空气清新剂，但帝门特的这些香水使我成为一名气味爱好者。我的办公室现在闻着像一棵圣诞树。我不能在楼道里点燃篝火，但我现在可以借助香水随时享受秋天的篝火味道。

我喜欢帝门特的这些小瓶香水，但是我要用它们做些什么呢？把它们放在壁橱后面有些暴殄天物了，就这样杂乱无章地摆着也不好看。于是，我决定建立一个嗅觉圣地。我把便携书架的一层清理出来，把这些小瓶子都放上去。我退了一步看看效果——不是特别惊艳。然后，我想起妈妈告诉我的诀窍：托盘的衬托能让放在上面的任何东西都看起来更好看。于是我把橱柜里的一个银盘子放在书架上，再在上面整齐码放这些香水瓶子。现在，这里看起来的确像一个嗅觉圣地了。（另外，为一个非常精美但没怎么用过的盘子找到用武之地，也给我增添了一份欣喜。）

“但这些都是人工的气味，”当我骄傲地展示我的成果时，一个朋友反驳道，“无非是一堆化学产品。”

所谓的人工并没有太让我烦恼，但是我确实想更加留意现实生活中的自然的香气。研究表明，对气味的关注能增强我们的嗅觉；如果我们不去注意这些气味，它们很容易就会默默地从我们身边溜走。

当我为埃莉诺涂护肤霜的时候，我督促自己更加留意气味，事实上我发现护肤霜是我最喜欢的气味之一；“夏威夷椰子和兰花”是伊丽莎最新的洗发水的气味；有男性魅力的气味来自杰米的衬衫；还有我家大厅的特殊气味。（有个朋友曾经指出，“你家的大厅有一种非常特别的气味——不是臭味，但是确实与众不同。”）在深冬时节，我不能闻到新鲜玫瑰花的味道，但是我可以把头埋在一堆毛巾里，享受烘干机带来的温暖、干燥、清新的气味。我一直都很好奇，每个五金店，不管大小，都有一样的五金店气味，每次我去五金店时都能闻到。

怎么才能在生活中加入香气呢？在公寓里放鲜花可以制造自然的香气，但我从来不买鲜花。于是，我把一些薰衣草香袋放进我的抽屉里（这对我来说已经是很不简单的事了）。

我一直都很喜欢香水，但是我不常擦香水（我知道有些人很厌恶香水的味道）。我喜欢阿蒂仙之香散发出的强烈的茶玫瑰香气，我在大学高年级经常擦这个香水；我发现，潘海利根的山谷百合味香水已经失去了它原有的味道了，因为我存放的时间太长了。精美的日历，新的白衬衫，还有我妈妈给我的漂亮的日式纸盘子——我为什么要“留着”它们？我应该物尽其用。我应该擦香水。毕竟，我不和其他人一起在某个办公室工作，不需要和很多人一起挤电梯，因此不会有人厌恶我的香水的味道，我也会因为擦了香水而感到快乐。现在，我在睡觉前也要擦一点儿香水。

我回忆起来，一些琐碎的快乐都和好闻的气味有关。经过厨房的时候，我会停下来深深吸气，享受柚子带来的独特的甜味。获得这些快乐不需花费一分一厘，不需要他人的参与，不会摄入多余的卡路里，也不用提前计划或者花费时间。这是一种便捷又单纯的放纵。此外我还会用气味来增强我在一段经历中的体验，这能帮助我尽情享受当下，并且气味本身也能成为这段记忆的提取线索。我多希望能再次闻到我父母老房子的阁楼那独特的旧木头气味。

另外值得一提的是，在寻找更多的欣赏香味的方法的同时，我也在寻找消除臭味的方法。我家的洗碗机总有奇怪的气味——该用些清香剂了。我家的垃圾桶也经常有臭味，我会用纯肥皂味的香水喷它。虽然网购帝门特的雨后花园味香水比做其他杂事有趣，但我真的需要换双跑鞋了。

礼貌地敲门

“拥抱好味道”能在日常生活中帮助我获得生理上的愉悦。但是在增加好感觉的同时，我也希望能消除坏感觉。

在我忙于阅读或者工作的时候，我经常对杰米、伊丽莎和埃莉诺言语刻薄。我讨厌跳转思路，或者不得不放下做了一半的工作。如果伊丽莎或者埃莉诺在我工作的时候闯进我的办公室，我就特别容易“用刻薄的语调说话”（埃莉诺就是这么说的），不耐烦地训斥她们，而不是善意地回应她们，这让每个人都感觉很糟。

在我经常去的公共图书馆或咖啡馆，我能感觉到孤独和专注的美妙——独处不是最重要的，不被打扰才是最重要的。

作为一个不喜欢被打扰的人，能独自工作真的是一件幸事；如果我在家里工作，被打扰就是家常便饭。研究表明，人们需要至少 15 分钟才能在被打断后恢复注意力；被打扰之后，人们会加速工作来弥补被浪费的时间，而这种匆忙的状态让人们感觉沮丧和烦恼。

我想起圣女小德兰的例子。面对不断被打扰的现实，为了保持平和的心态，她安慰自己：“因为上帝和姐妹们的爱（对我是如此慈悲），我会努力表现得幸福，并且发自内心体悟幸福。”我怎么才能在被家人打断的时候表现得幸福，并且发自内心体悟幸福呢？

我的 12 项个人信条之一就是“发现问题”。我常常惊讶于这项信条的有效性。我会问自己“问题出在哪儿”，而不是不假思索地接受现实。强迫自己挖掘问题的本质常常能让我找到解决问题的办法。

我对闯进办公室的女儿们疾言厉色已经好几年了，我为此感到苦恼。现在，我终于开始问自己：“问题出在哪儿？”

“当女儿们闯进我的办公室时，我会责骂她们。”

“为什么责骂她们？”

“因为我不喜欢突然被打扰。”

“我为什么不提前告诉她们不要随便闯进我的办公室？”

“我对她们闯进办公室没有意见，甚至很欢迎。我就是会在她们打断我思路的那一刹那反应过激。”

突然间我看到了解决问题的办法，简单且优美：应该让女儿们先敲门！（一个严守礼教的母亲肯定从一开始就坚持让孩子们敲门了，但是这条规矩从来没有在我脑子里出现过。）我决定第二天一早宣布这条新规矩。（是的，这意味着我又要要求其他人配合我的行动计划了，但是我想试试。）

“听着，”我在早餐的时候提议，“我知道，我会在你们进入办公室的时候对你们恶语相向，你们很不喜欢这样。我很抱歉，但是我好像没法控制自己。其实我很喜欢你们过来和我交谈，所以我想试试这么办：当你们想找我说话时，先敲门。这样的话，我可能就不会像原来一样反应过激了。”

“如果我们忘了敲门呢？”她们异口同声地说。

“你们先试着记住这件事。我们看看它会不会有效。”

出乎意料地是，女儿们，包括杰米马上就养成了这个习惯。特别是埃莉诺，她为这项新规则欣喜若狂。有时在她敲门之后，我会大声地用非常和善的语气回答：“进来！”而她会充满好奇地问：“如果我没有敲门，你会发脾气吗？”

这项敲门的规矩让我的生活发生了变化。一个简单的表示礼貌的行为不知怎么就改变了我的反应方式，我们一家都从中获益了。

“互动”这个概念让我更多地思索了“打扰”和“敲门”的关系。我突然想到，也许杰米需要我提供一种不一样的“敲门”方式。

在《情感良药》（*The Relationship Cure*）里，情感专家约翰·高特曼强调了“互动”的重要性；当有些人试着通过肢体接触、提问、手势、评论或者眼神与你建立联结时，我们应该用评论、微笑或者类似致意的方式做出回应，最好是能表现得又专注又愉悦，而不回应、批评和讽刺都是很伤感情的。

他的研究表明，增加杰米和我之间的互动频率能进一步巩固我们的婚姻。幸福的伴侣比不幸福的伴侣有更多的互动，而且他们更不容易忽视另一方发出的互动邀请。在幸福婚姻中，丈夫平均忽视妻子 19% 的互动邀请，对妻子而言，这个概率是 14%。而在不幸福的婚姻中，丈夫平均忽视妻子 82% 的互动邀请，妻子则是 50%。研究表明，如果父母总是对孩子们的互动邀请不做反应，则孩子们有更大概率患上社交障碍，出现学习困难和健康方面的问题。

人们对互动邀请可能做出积极或消极的反应，或者会用高特曼称为“跳转话题”的做法完全无视一个互动邀请。跳转话题的一种形式是不做回应（比如你问：“你今天工作怎么样？”对方没有任何回复），或者用一个不相干的答案做回应（你问：“你今天好吗？”对方回复：“你给水管工打电话了吗？”）。高特曼指出，虽然有时候人们会主动忽略一些互动邀请，但是不回答的原因往往是人们的心绪正在被其他的事占据：读书，看电视，发邮件，想把一些事情赶紧做完。不管怎样，如果发出的互动邀请被忽视，那么这个人往往会感觉不被重视、沮丧。

我对此情此景是如此熟悉。杰米通常会无视我的互动邀请。他绝对不是故意表现粗鲁，但是……总是有各种原因。他常常不回应我的问题或评论，就像研究所预见的，这让我觉得自己被忽视并且很愤怒。

我在知道“互动”这个概念之前就和杰米谈过这件事。我通常不会立即发作，但是到了某个时间点，坏情绪会突然大爆发。“你完全不理我，这真的太没礼貌了！”“拜托你不要无视我说的话！”我知道他不是故意要无视我的互动邀请，而且他也在慢慢改进，但他的这个习惯总是让我抓狂。

在读高特曼的书时，我真想追着杰米给他读读里面的理论。我再一次想到我的第 6 条普适真理：我能改变的人只有我自己。那么，我要改变我的什么习惯才能让杰米改变他的习惯呢？

敲门能帮助我在被打扰时控制情绪，那么，我是不是也能通过给杰米一个暗示意味的“敲门”让他变得更加愿意互动呢？我把我的想法直截了当地告诉了他。

“嘿，你能把那个放下吗？”在又一次我需要他的关注的时候，我指着他的电话问道，“这样我们能更好地交流。”

“好。”他说，然后继续盯着手机屏幕读短信。

“不，说真的，我需要你认真听。”我伸出手，用手指轻点他的手机屏幕（我想出来的新版本的“敲门”）。

他放下电话，摆出了耐心的态度：“当然，怎么了？”

“有些人在我的博客上出言不逊——不是辱骂，而是批评。”

“然后呢？”

“我知道这不是件大事，但是我觉得很愤怒。”

“这个人说什么？”

“我给你读。”我说着，打开电脑。

> 有人送了一本格雷琴的《幸福计划》给我。我担心接下来的话会比较尖锐。在我看来，她整天除了读书和写作似乎没有别的事。她不停地设计一些计划，就是在给自己整天读书写作找借口，并称之为“工作”。这些计划让她成为注意的焦点，并得到他人的赞美。但是这些行动计划是以牺牲了她最亲密的家人的幸福为代价的，而她竟然说会因为家人打扰了她的“工作”而愤怒或者后悔。而且，如果谈话和她无关，她就会觉得无聊。对我来说，书里面提到的大部分内容都是显而易见或者理所应当的，她的整个博客都是一些不成熟的、让人愤怒的言论。我已经 56 岁，不想再看到这些了！

“就这样吗？”杰米问。他被逗笑了。“有 100 万人在你的博客上留言赞美你，这一条你就忽略吧。”

“根据‘负面偏好’这个现象，负面的互动比正面的互动更能影响到我们。我知道我不应该因为某个人的言论而让自己不开心，但我还是觉得自己被攻击了。”

“记住，这是你想做的。你想把自己的想法公之于众，然后听到大家的反应。但不可能每个人都喜欢你做的事情。”

“你是对的。”我承认，如果从这个角度看，一条负面评论确实没那么糟糕。“我总是提醒自己：强有力的言论不仅会引发抵抗，更能吸引大众。”

“那你知道刚刚那条评论就属于前者。”

“对！”我又看了一遍那条评论。“你不会觉得我不成熟或者让人讨厌吧？”

“在大多数时候不会。”他笑着合上了我的电脑。“真的，不要为这件事烦恼。”

我们的对话让我轻松起来——在大多数情况下，如果我告诉杰米这件事对我来说很重要，不是那种可有可无的谈话，那么他的回应就会很得体。

在我关注杰米对我的互动邀请的反应的同时，我必须承认我也在对他的互动邀请做出反应这方面表现得更好了。一边盯着屏幕一边有一搭没一搭地回应不是维系感情和增加亲密度的正确方式。

好好过节

在一次咖啡馆小聚中，朋友问我最近在忙什么，于是我把我的家庭幸福计划的大纲大概地介绍了一下。

“我还忘了些什么吗？”我问。“我总想听到别人的建议。”

“宠物！”她说。“你可以养条狗，你的女儿们会很开心的。”

“嗯……”我犹豫地回应对方，“但我们住的公寓楼不许养宠物。”事实是，我自己并不想养任何宠物，我想保持生活简单。但她是对的，研究表明，养宠物能让人们更开心、更健康。大约 60% 的美国家庭会养宠物，通常是一只猫或者一条狗，而且宠物对家庭氛围有举足轻重的影响。我的小叔亚当在他的宠物狗帕可去世的时候收到了好几张慰问卡片。

“这样啊！那关注一日三餐怎么样？”她接着建议。“一日三餐对于幸福生活来说至关重要！你在这方面准备做点儿什么呢？”

“一日三餐？”我重复道，“我没有好好想过这方面的事情。”一日三餐确实是生活的重要组成部分，但是我对与此相关的行动计划没有特别的热情。

“你真的应该花点儿心思在一日三餐上，”她说，“毕竟，不是有研究说如果家人每天在一起吃饭，那孩子们在学校会表现得更好、更少产生药物成瘾之类的问题吗？你可不要小瞧一日三餐。你肯定有办法通过吃饭增进感情，让一家人更亲近。”

“确实，我会好好想想的。”我略带犹疑地答应了。我为自己不是那么感兴趣而愧疚，然后我意识到——这是我的幸福计划，而我不觉得与一日三餐相关的行动计划让我特别有兴趣。

我的确是这么想的，但情人节的到来提醒我，我可以把做一顿丰盛、特别的节日早餐作为美妙的家庭传统。

对我来说，家的一个重要特征就是沿袭已久的传统节庆。家庭传统将一年的时间以不同的庆祝日来划分，这同时带来了期待感和传承感。研究表明，传统、规矩和仪式能提升身体和情绪的健康水平，而且它们本身也非常有趣。

我热爱传统，但是我不喜欢麻烦。那些我们已经在过的大的传统节日已经让我焦头烂额了，更别提在日常生活中加入“新的传统”了。比如，2 月，埃莉诺要过她的六岁生日了，为她的生日筹划一个小小的派对就耗费了我大量的时间和精力。那么，有没有办法能在传统里加入更多的乐趣呢？前提是要有意义而且不能太费力。我希望生活保持简单，但也不要太简单。

在情人节前夕，我想起一年前的情人节我在拜访一个朋友家时发生的对话。“这都是什么？”我边走边问。她家的餐桌闪耀着粉色和红色。

“抱歉，我家太乱了。今天是情人节，所以我家吃了节日早饭。”

“节日早饭？”

“我们家有四个年龄差距很大的孩子，每个人都很忙，在特殊的日子一起吃晚饭太难了。所以，在一些小的节日里，我会做特别的节日早餐。”

我仔细看了看餐桌。她的装饰既简单又富有节日气息，心形的杯垫和糖果，还有红色的蜡烛。

“这个点子棒极了！”我告诉她，“我很喜欢！”

她一开始看起来有点儿不高兴我准备效仿她，但是在看到我的热忱之后，她也变得热情起来。“这非常有趣，”她说。“前一天晚上布置餐桌没那么难。而且这让我们一家人能在上班或上学之前聚集在一起。孩子们也喜欢用这种特别的方式开始新的一天。”

“具体需要做什么呢？”我边说边仔细观察她的餐桌，我真的很想效仿她的点子。

“我会买一些有节日色彩的杯垫、花朵和其他能装饰餐桌的东西，不需要特别隆重，一些糖果，一些小礼物，足够了。”她举起来一叠心形的便笺纸。

“我也要这么试试。”我告诉她，“我要效仿你的做法！”

人们用很多方法展示节日精神，比如特别的音乐、装饰、食物甚至文身。我妈妈拥有特别珍贵的节日装饰物收藏，比如圣诞老人小雕像、复活节兔子、漂亮的鸟笼；她也会自己做应季装饰，比如用春天的连翘、夏天的向日葵、秋天的南瓜做装饰品。我的婆婆在每次家庭聚会之前，都会用鲜花布置餐桌。（我最喜欢的一次是：有一年我过生日，因为我几乎不吃甜点，于是她把我的生日蜡烛插在一系列不同的蔬菜上。）我享受她们做的一切，但是我不愿意自己做。

因为我总是想保持简单，而且我确实不怎么买东西，我曾经认为自己是个缺乏节日精神的人。但这一切都是“做自己”的问题。我不喜欢买东西，我也不喜欢买养不活的鲜花和植物，我不擅长做详尽的安排，但我可以完成简单的节日餐桌布置，而且我也善于利用食物自身的颜色——我能想象在圣帕特里克节做一顿全绿色早餐，或者在国庆节做一顿红白蓝配色的早餐。我甚至可以自己创造一个节日，比如假发日！

这次对话激发了我的热情，但是我之前还从来没有真正筹划过节日早餐，而一整年就这么过去了。现在我终于有机会了。我拿出心形的纸盘，把吐司面包切成心形，然后涂上染成红色的花生酱；我在窗户上贴上心形的装饰，在桌子上撒了些心形的糖果。

伊丽莎为此兴奋不已，埃莉诺看上去并没有太大的兴趣（除了能在早饭时吃到糖果）。但是，当我们走到学校后，埃莉诺把这次特别的早餐兴奋地分享给了她的同学和老师，详细地描述了早餐的每个细节。这项行动计划比预想得更加成功。

我在 3 月 14 号那周的日历写上了提醒：“记得为圣帕特里克节准备装饰。”这将会是我下一个要庆祝的节日，我准备再筹划一次特别早餐的活动。这样的节日早餐让这些时间有别于平日，从而变得更难忘。准备大的节庆活动是一项大工程，而对像我这样的人来说，能用易于管理的特别早餐这种方式庆祝小的节日实在让人雀跃。这项计划让我可以选择更加广阔的生活，同时臻于细节。

跳上几步

我的一个最为行之有效的幸福推进器是“按照我想要的感觉去行动”。我发现，如果我表现得友爱，那么我就会感觉自己被爱；如果我表现得快乐，那么我就会感觉到快乐。

某天早上，当我等在埃莉诺幼儿园的教室外，我看到另一个孩子的母亲在楼道里走的时候会时不时轻快地跳上几步，我着迷于她不自知的举止所展现出的精力旺盛的魅力。反观自己，我基本上都是拖着步子走路的。我的日常锻炼包括动感单车、健身器械、瑜伽和举重训练，我总是步行前往目的地，但我不会跑着上楼梯，也不会跳过水坑。灵光乍现，我决定在日常生活中更多地跳跃，在我的步伐里“加个弹簧”，每天都“跳上几步”。

跳跃的迷人之处从《生活》（*Life*）杂志的封面摄影大师菲利普·哈尔斯曼的“跳跃相片系列”中即可见一斑。他以跳跃着的理查德·尼克松、玛丽莲·梦露、约翰·斯坦贝克、温莎公爵夫人作为拍摄素材，这组照片着实让人振奋。

每当我想起这项计划，我就会跳上几步。我故意用笨拙的跳跃逗笑女儿们，我在去药店的路上会悄悄地故意跳上几步，我在办公室里上下跳，我早上起床之后会跳个操，下楼梯时我会跳下最后几级台阶。跳跃的单纯、童真让我倍感雀跃。同时，跳跃本身也让我精力充沛。

尝试针灸

当我写约翰·肯尼迪的传记时，他对助手鲍威尔说的一番话打动了我：“有太多事情都要靠我来决断，所以我减少会谈的人数，简化我的生活，让我的生活有条不紊，这样我才不会总是处于愤怒的临界点。”我虽然不是总统，但我常发现自己处于愤怒的临界点，因此我也需要更强的自控力。

很多年来，不同的朋友告诉我他们有关针灸的体验，不过我并没有太留意这件事。虽然有时候我颈椎疼，但是我没有慢性病，也没有特别的理由要去尝试针灸。

某天早上，有个朋友偶然和我提及她对针灸的热情，这让我跃跃欲试。

“真的吗？你去做针灸了？”我颇感讶异地问。她总的来说是个非常谨慎的人，也对“非主流”的医学没什么兴趣。（尽管针灸已经被广泛地实践，算不上“非主流”了。）

“是啊！而且它非常有效，我现在每周都去。”

“为什么？”

“我一开始去是因为失眠。”

“嗯。”我点头附和。

“针灸确实有助于睡眠，还能让我更平静，让我感到精力充沛、思维活跃，甚至让我可以一心多用。做过针灸之后，我的精力总量没变，却能更好地管理时间了；我再也不用仓促地完成手头的事情了。我可以坐下来，好好地读一本书。在我做决定的时候，我也不再像原来那么冲动了。”

“针灸疼吗？”

“针扎进去的那一刻确实有点儿疼，但之后就好了。”

“一共几根针？”

“有时候比较少，8 根针。上次我大概扎了 25 根。这个要根据具体情况来定。”

“你觉得真的有用？”

“第一次扎针的时候，我感觉就像有电流经过身体一样。现在，总的来说我感觉更好了，我更平静了。”

我马上就做了决定：“我也想试试。”

“我可以告诉你那家店的信息。”

针灸可能是另一种自我约束的工具。在我的想象中，它就和调琴一样，能把人体微调校准，使其拥有更好的表现。

几周之后，我便奔赴我的第一次针灸预约。候诊室和我想象得一模一样——编钟、佛像、卷轴和咖啡桌上的迷你盆景，还有一个与环境不太协调的金属体重秤。

我有备而来，顺利地填好了一份特别冗长的首次预约表，这张表涵盖了从饮食习惯到家族病史，再到我是否曾经感觉“疲惫”或者“记忆模糊”等所有问题。从被问到的问题里我推测出，来做针灸的大多数人都被不育、肠胃疾病、肌肉酸痛或者疲惫困扰。我把我的治疗目标定位为“一般健康”。

在我填好表格，准备开始扎针灸前，针灸师助理帮我测量了血压。在这个挂了三幅针灸穴位图、角落里还悬挂着水晶的屋子里，量血压这个西方诊疗手段显得格格不入。

在这之后，针灸师终于徐徐出场了。他是个招人喜欢也很健谈的人，很像大学生。他在号脉、检查了我的舌苔之后告诉我，根据中医理论，我的肝脏和肾脏需要调整。我不是特别理解他的解释，但我已经准备好接受针灸了。

针灸师助理告诉我，这位针灸师的昵称是“蝴蝶指”，这让我略感安心。事实上，除了左耳上的一针，在其他位置插入的针都不怎么疼。和其他种类的针相比，针灸的针非常细、轻、有弹性。在他插入 13 根针之后，我就不再数了。

在他工作的时候，我们大多数时候都在谈论天气。在躺着聊天的同时，我的前额、耳朵和其他部位都插满了针，这种感觉很奇怪。而针灸师则对这一切习以为常。

“我向你推荐一种花草茶，有助于缓解我们刚才谈到过的身体问题。”针灸结束的时候他说。你也可以考虑做灵气瑜伽和指压按摩。我们这里就提供这些服务，当然你也可以选择其他地方。

“好的，”我回答，“我会考虑。”

“如果你想继续做针灸，一周之后再来就可以了。”

“好的。”

在我离开针灸所回家的路上，还有之后的一周里，我一直在考虑要不要继续。我的身体和情绪没有发生明显的变化。一次治疗就能说明问题吗？可能不行。而且我本来也没有特别明确的治疗目标。比如说，如果我希望用针灸缓解颈椎疼痛，那么我就能明确地知道这种方法是否有效，但是这次治疗是不是提高了我的“一般健康”的水平了呢？我不知道。

我做了一些研究。针灸的疗效不是特别令人信服，研究认为针灸的疗效多是心理作用。不过心理作用其实是非常管用的，特别是对于主观性的或者和疼痛有关的疾病。我曾经想，如果我感觉更好，那么我就是更好了。但是我也没有感觉更好。一切都和原来一样。

抛开科学观点不论，就从我自己的体验来看，针灸治疗会消耗时间和金钱。如果我需要保证“一般健康”，也许我应该把相同的钱花在按摩上——我只在度假的时候做按摩，而且我非常喜欢按摩。研究表明，按摩能减少压力相关的激素分泌量，增强免疫力。按摩不仅有益健康，而且也是对自己的犒赏。或者我也可以把相同的时间花在健身上——健身能让我心情愉悦，而且也对健康有好处。我不是特别确定针灸的疗效，但是我知道按摩或者锻炼能让我更开心。

不过，这次尝试针灸的经历也让我非常开心，因为我一直对它很好奇。也许对某些人的特定情况，针灸是很有效的，但是对我来说，一次尝试就足够了。

在月底，我读了另一篇有关幸福的文章，我看到了一句熟悉又有说服力的论断：“幸福不是一个可以追逐的目标，而是积极生活的一个间接的结果。”这个理论有许多著名的支持者，比如写过“只有不把幸福当作生活的目标的时候，人们才能体悟幸福”的乔治·奥威尔，写过“你问自己是不是幸福的时候，也就不再幸福了”的约翰·斯图亚特·密尔，写过“幸福不是通过主动追求就能得到的，它通常是其他活动的副产品”的奥尔德斯·赫胥黎，还有一位写过“幸福像一只蝴蝶，它是不能被抓住的，但是如果你安静地坐下来，它没准儿就会落在你身上”的匿名作者（通常人们认为这句话出自纳撒尼尔·霍桑）。

尽管反对这些受人尊敬的人物确实是项大胆的行为，但我还是想说，我反对这个论断。不论何时，若有人向我提起这个论点，我都会反驳对方。“你要怎么直接追求幸福呢？”我会问，“这和间接地追求幸福有什么区别吗？”

有个人回答：“我从来不直接追求幸福。我寻求成就和意义，这能让我产生满足感。还有就是在必要时剧烈运动。”

“是的！”我回答。“这些都是想直接追求幸福的人会做的事情。”

还有人说：“感性驱动、及时行乐、消费主义是不能达成幸福的。”

“对！”我说。“但是否有人严谨地论证过持续纵欲是否会产生幸福呢？”即便是那些立足于感性驱动、及时行乐的广告商也会把商品将更深层的价值联系在一起。例如，昂贵浴盐的广告给人健康宁静的感觉，手机广告许诺我们会和家人朋友有更亲密的联系，汽车广告暗示安全和可靠，或者自由和冒险。

埃莉诺·罗斯福说过：“幸福不是目标，它是副产品。”但这种说法过于非此即彼了。幸福既是目标，也是副产品。人们为直接追求幸福而进行的活动和间接产生幸福感的活动是一样的。帮助他人，发现自己感兴趣的工作，和他人建立更亲密的关系，跑步，寻找挑战的机会，清理车库——这两条路径在这些方面到底有什么不同？

在幸福的领域里，非此即彼的选择看起来特别有诱惑力。一个读者曾经问我：“问题是，我应该放弃一切去寻求真正的幸福吗？还是继续工作却感觉糟糕？”我想，他真的仅有这两种选择吗？当然，非此即彼的选择也有其合理性，它让我们只需要面对几种简单的可能，而不是多到吓人的选项：

- “我有少数几个知己，或者一群狐朋狗友。”
- “我必须马上和眼前这个人结婚，不然就要孤老一生。”
- “我要么牺牲自己成就他人，要么就牺牲他人成就自己。”
- “真实诚恳比积极热情更重要。”
- “我要么活得自在有趣，要么活得幸福安逸。”
- “如果我不愿生活在杂乱无章的房子里，我就必须学会断舍离。”

虽然非此即彼的选择可能确实能安抚人心，但是它们会让我们感觉受困，而且会遮蔽掉其他的可能选项。

我们在瞄准的时候更容易击中靶心，获得幸福也一样。在有关幸福的一部激动人心的小说《登陆太阳》（*A Landing on the Sun*）里，作者迈克尔·弗莱恩写道："幸福就像太阳，处于我们内心宇宙行星系统的中心——和太阳一样，你也很难直视它。"至少对于我来说，直接思考如何变得更幸福，能更好地帮助我发现让我提升幸福感的因素。

|第 7 章|

家庭　学会感恩

他就像一个拥有一块儿地，却对地底埋着的宝藏一无所知的人。你不会认为这个人是富人，我也不会认为一个对幸福置若罔闻的人是一个幸福的人。

——欧仁·德拉克洛瓦

- 进门仪式
- 与父母畅谈
- 筹划小惊喜
- 与妹妹合作

3 月的第一天明显在提醒我，要感恩生命里的这段时间：埃莉诺要在入园 100 天的那天和同班的小朋友们一起庆祝。幼儿园的时光转瞬即逝！对我来说，这个学年就好像才刚开始不久。杰米和我去她的教室参观“百物博物馆”，里面展示了每个孩子的 100 天纪念物。

“杰米，看，”我指着其中一个展示品说，“这是埃莉诺收藏的珠子，还有她写的注释。”埃莉诺小心翼翼地为自己的作品写了标签。

我收集了100颗珠子。我把它们分为10组，每组10个。[①]

——埃莉诺

在我生命里的所有事物中，我和家人的关系是我幸福感的最重要的来源。杰米、伊丽莎和埃莉诺每天都会影响我，但我的家人远不止这三个人。

我和我的父母，凯伦和杰克·克莱福特，一直都很亲近。即便我现在住在远离堪萨斯城的纽约，他们仍然给了我源源不断的慰藉和无数好的建议。这对我来说是件幸事，我总是乐于遵循他们的建议。（我母亲给出的一些好建议包括："保持冷静"，"不要紧的小失误常常会变成美好的回忆"，还有"比起面对一大堆的选择不知所措，你只需做自己喜欢的那几件事"；我父亲给出的一些好建议包括："如果你做错了事情而勇于承认，你会得到别人的尊重"，"享受过程"，还有"加油"。）我经常去堪萨斯城看望他们，也喜欢他们来纽约看我。

我的公公婆婆朱迪和鲍勃·鲁宾也是我的良师益友。我和他们的关系一直很好，我每周都至少去看他们一次。除了家庭聚会，我们也常常邂逅于街角或是健身房。（我说服了杰米、朱迪和鲍勃去英佛健身房——健身房老板开玩笑说，他的店可以改名叫"鲁宾家的健身房"了，因为那里总有我家的人在。我经常在做手臂伸展练习的时候，发现那个穿着黑色短裤压腿的男人就是我公公。）

通过阅读相关研究，我知道我和杰米已经顺利通过了三个婚姻焦虑期里面的两个，这三个婚姻焦虑期是：新婚宴尔期；第一个孩子出生的

---

① 原句是"I calectid 100 beds. I mad 10 groops av 10"，词的拼写大多不对，想表达的意思可能是发音比较接近的"I collected 100 beads. I made 10 groups of 10"。——译者注

时期；家庭里有老人或其他成员生病或者需要长时间照顾的时期。

我和妹妹伊丽莎白的关系也很重要。不过她和丈夫亚当、儿子杰克住在遥远的洛杉矶，我们没办法经常见面。

有关兄弟姐妹间的关系的研究不多。但对很多人来说，和兄弟姐妹的关系是他们一生中持续时间最长的关系。在一项研究中，一些女大学生普遍报告说，她们从兄弟姐妹那里得到的情感支持和从母亲那里得到的差不多。

很长时间里，我觉得自己有典型的“第一个孩子”的性格，同时伊丽莎白则是典型的“第二个孩子”——尽管关于出生顺序对性格的影响的说法不胜枚举，但也有研究显示，在一个家庭中，出生顺序和孩子的性格并没有直接的关系。（关于姐妹关系，一个让我感到开心的研究结论是：总的来说，有姐妹的人更幸福。）

杰米的弟弟菲尔和伊丽莎白同岁，他和妻子劳伦、儿子亨利住在纽约市。伊丽莎和埃莉诺喜欢有个就住在附近的表弟，当她们在商店里看见男孩子的玩具时，她们常常会说：“哇，亨利肯定喜欢这个。”（我生命中的幸福源泉之一就是菲尔和劳伦，他们在厨师学校相识，也喜欢主办感恩节的家庭聚餐。如此一来我永远都不用为做大餐而苦恼了。）

在 3 月，我希望能努力巩固我和家庭成员间已经很紧密的关系。为了提醒自己要感恩每一个家庭成员的存在，我制订了一个“进门仪式”的行动计划。作为一个非常与众不同的感恩练习，我决定与父母进行一次不太愉快的谈话——讨论关于医疗保险代理和生前遗嘱的事情。我为父母如今身体依然健康而感恩，而且他们的生活似乎比以前更充实、更忙碌了，所以讨论类似的话题好像不是特别紧急，但是我知道现在谈比以后要简单。除了这项不太愉快的行动计划以外，我希望在家庭活动中增加更多令人愉快的时刻，所以我决定实行“筹划小惊喜”这项行动计划。很多年来，我都希望和妹妹一起进行一些有创意的活动。没什么比这个更有趣了，而且这也是一个拉近彼此关系的方法，所以我决定“与妹妹合作”，完成一个项目。

进门仪式

感恩是幸福生活的关键。感恩的人更幸福、更乐观，更容易和他人产生紧密的联系，他们更受欢迎，有更多的朋友，同时也更乐于助人，他们甚至睡得更好，更不容易头疼。当我思考我需要感恩的理由时，我想到的那些事会让我更心平气和；感恩能减弱我们的负面情绪，包括愤怒、嫉妒、憎恨。

虽然我希望我的家庭弥漫着感恩的氛围，但是我发现培养感恩的情绪并不容易。对值得被感激的事物熟视无睹太容易了——从“理所应当”的小事，比如自来水，到我生命中的大事，比如我的家人都身体健康，我们亲爱的保姆阿什利总是精力充沛、情绪乐观，再到稍纵即逝的欣喜，比如我家附近的影印店异常高的工作效率。

最重要的是，我为我的家庭而感恩。一天很长，但一年很短，我深深地知道眼下这段看起来如此漫长的时间——杰米和我，还有我们的两个女儿，住在同一个屋檐下，手边是女儿们的发箍，脚下是散落的彩色铅笔，吉姆·戴尔阅读《哈利·波特》的声音就是家里的背景音乐——其实只是我生命中很短的一段时间。就好像伊丽莎才刚出生，而在我缓过神来以前，埃莉诺就已经开始蹒跚学步了。我希望能留住这段美好的时光，心怀感恩地度过每一天。有时，我会为满处散落的珠子或是厨房外凌乱的塑料袋而恼火，但是总有一天，我会怀念这段日子的。

我的第 4 条普适真理说的是：“除非我真觉得自己是幸福的，否则我不会感受到幸福。”画家欧仁·德拉克洛瓦也说过类似的箴言：“他就像一个拥有一块土地，却对地底埋着的宝藏一无所知的人。你不会认为这个人是富人，我也不会认为一个对幸福置若罔闻的人是一个幸福的人。”我有自己的宝藏，但是我经常忽略它，在它上面走过却不自知，忘记为自己的幸福而感恩。

为了告诫自己为所拥有的一切以及平静的日常生活感恩，我决定遵守“进门仪式”。每次我踏上最后一级台阶，找钥匙、关警报、打开公寓大楼两扇前门的时候，我都会对自己重复：“我平安到家了，感激这一切。”每次穿过马路走进公寓楼，我都会花一点儿时间感恩我拥有的一切。

我爱美国，我爱纽约。我爱我生活的环境，我也爱我住的公寓大楼。事实上，当我问自己：“如果要搬家，我会去哪儿？”我发现我哪里都不想去，我正住在我想住的地方。

除了一些常见的小问题，比如水管漏水、马桶堵塞和偶尔的电器故障，我的家让我觉得安全、坚固、安稳，这正是幸福的重要来源。而总有一天，我也会高兴且不舍地离开现在住的公寓，可以预见的离别让我更爱它了。

我希望通过进门仪式培养一种感恩的心态。比如为金钱而感恩。金钱和健康一样，常常以负面的方式影响你的幸福感：你很容易忽视金钱的存在，除非你很穷（那么贫穷就会成为不幸的主要原因）。今天，我们有足够的钱让我们住在现在的公寓里，这让我感到安全，而安全感是金钱能买到的最奢侈的物品之一。为了记住这个让我的日常生活充满幸福感的主要贡献者，每次我拿着支票本坐下来支付账单的时候，我都会想，“我有能力付钱偿还这些账单，我是多么幸福。”而不是想，“我又要付这些账单了，太麻烦了。”

3月16号，在圣帕特里克节的前夜，我有了一次表达感恩的机会。当时我非常累，不是特别想为节日早餐装饰桌子，但是我已经决定要准备节日早餐了。我告诉自己，“我的两个女儿还这么小，她们还会为一个全绿色早餐而兴奋不已的，我将感恩这一切。”

于是，在孩子们上床睡觉了之后，我拿出买好的绿色碟子。我在桌子上撒了一些绿色的糖果，把伊丽莎泡麦片的牛奶染成了绿色，还为埃莉诺的烤面包片制作了一些绿色的花生酱（虽然很特别，但它看起来并不是很可口）。

“圣帕特里克节快乐！”当女儿们进入厨房的时候我大声说。杰米出差了，所以我给他和双方父母都发了照片，照片里，孩子们坐在绿色早餐旁边微笑。

就像其他的传统节日一样，这些事现在确实成为一种负担了。我必须得提前准备，我必须得等到女儿们都睡了之后再布置桌子，但那会儿我基本上已经困得不行了。但总的来说，准备一顿具有节日氛围的早餐确实帮助我增强了幸福感，让我更感恩我的日常生活。

人们每天都在奔波忙碌中度过，所以很难在每天走进家门的时候都心怀感恩。雕塑家阿尔贝托·贾科梅蒂写过，“每一天，世界上所有的事物都会变得更宏伟，变得更加不可知，更加美丽。我走得越近，它们就越宏大，也越遥远。”我越是思索幸福，越能感觉到它的存在。

与父母畅谈

我最喜欢的一个幸福悖论是：“幸福并非总是让我感觉快乐。”我的幸福感很多时候来源于那些让我感觉焦虑、困难或者愚蠢的事情。但是就像英国专栏作家约瑟夫·艾迪生说的，“重要的问题不是什么能带来短暂的快乐，而是什么能长久地为生活染上幸福的颜色。”

比如，当杰米和我坐下来写我们的遗嘱时，我们都觉得很不舒服，但是在最后，一起完成了这件事让我觉得如释重负。现在，我想劝我的父母来做类似的事情。

再次去看望他们的时候，我们一起在我父母家里喝咖啡，我谨慎地提起这件事：“你们填过那些表格吗，财务授权委托书、医疗委托书，还有生前遗嘱——这些在密苏里州都叫什么？也许你们可以开始想想这些事了。”

“我们填过，”我母亲说。“但是已经过去好多年了。可能有十年了。”

“是的，”我父亲回答，看起来若有所思，“我们填过一些表。”

“但是那些表格在哪儿呢？”我母亲问我父亲，“在你办公室里吗？”

“我想是的。”

“这样吧，”我建议，“如果已经过了这么久，也许你们应该去查查看有没有什么要修改的。”

我自己也做了一些调查。因为不同的州有不同的术语和要求，所以各种不同的表格看上去很复杂，但是在一个相关网站上的“关怀”和“预留医疗指示/生前遗嘱”条目下，我找到了每个州的相关文件。我又查了查财务授权委托书方面的资料，然后给我的父母发了一封邮件：

> 嗨！记得我们说过那些表格的事吗？你们确定已经填过了吗？
>
> 在密苏里州，你们也许需要填“密苏里生前声明”（类似于生前遗嘱）还有“医疗保险永久授权委托书”。声明需要你在两个见证人在场的情况下签字，授权委托书则需要公证。
>
> 另外，你也许还需要写“财务永久授权委托书”，如果我记得

> 没错，你们还没有填这张表单。我不确定这个需不需要见证人。
>
> 这不是什么大事，而且我知道办理公证和找见证人也很麻烦，但是最好能早点儿把这些事做完！

这些事又促使我给母亲发了另一封邮件：

> 我突然想起来，你能把你和父亲吃的药，还有你们医生的名字和电话都列个单子给我吗？这样会比较方便。我在为我和杰米做这个清单。如果你做好了这个清单，能给我发一份吗？

这些谈话并不让我快乐，但也不会让我不快乐。当我和杰米写遗嘱的时候，我一直在用非理性的错觉安慰自己——这些都是虚拟的文档，可能永远不会被使用。而且和我父母谈论起这件事是较为容易的，我父母对待这类问题也比较开明。有的人拒绝谈论有关疾病、残疾或者死亡的话题，而我和我父母都能坦然面对这些话题。我们有相似的价值观，并且我们的关系很亲密。如果家庭成员间立场对立，或者发生过冲突的话，谈论这类话题将是比较困难的。

尽管如此，实际去完成这些烦琐的填表任务也令他们感到非常厌烦。我不得不扮演一个催促者的角色，提醒他们完成这些事。毕竟，从长远的角度看，完成它能让大家都更幸福。

我考虑是不是也该和我的公公婆婆发起类似的谈话。有天晚上，我和杰米都躺在床上读书的时候，我向杰米提起了这个话题。“把你手上的书放一放，”我敲了敲他的书，给他互动的暗示。杰米放下书。“我和我父母讨论了永久授权委托书、生前遗嘱那类事情。我们应该和你父母也谈谈这些吗？”

“不，”他毫不犹豫地说。

“或者我自己去和他们谈？如果你想让我去说也是可以的。”

“不需要。”

我放下了这件事；杰米有权力决定我们是否和他的父母互动。

和我的父母进行这些不愉快的谈话让我想起和我家人之间进行愉快谈话的重要性。我不喜欢打电话，所以让我拿起电话不那么容易，但是和家人的交流越多，我就感觉越愉快。我应该打电话，发邮件，去看望他们，给他们发照片——给我的父母、公公婆婆、我妹妹，甚至杰米。仅有爱是不够的，我需要表达它。

筹划小惊喜

相比意料之中的愉快，我们对意料之外的愉快会有更强烈的反应，我对这个研究结论深感兴趣。大脑会对小惊喜产生强烈的反应，比如街上捡到的一元钱，一块免费品尝的饼干，一件意外的礼物，或者老板突然给出的鼓励。我们不仅会因此感觉更幸福，也会因此变得更机敏、更友善，甚至更有干劲。

我喜欢小惊喜。杰米偶尔会带回来我最爱的扁豆汤，甚至更棒的冻酸奶。我有时会带回家一些 Tasti D-Lite 的甜品。我太喜欢这家甜品店了，我总是忍不住去吃，我想我总有一天要逼迫自己完全戒掉它。虽然我会抑制自己买甜点的冲动，但是当杰米买给我的时候，我还是会吃——对于一个戒除者来说，犯规也说得过去。杰米也喜欢通过带我和女儿们外出游玩来给我们惊喜。最近他带我们吃了人生中的第一次韩国烤肉。

我想在家营造体贴、愉快的氛围，所以我决定为家人“筹划小惊喜”。

当伊丽莎还在上幼儿园的时候，我们家附近有一个会卖迷你纸杯蛋糕的面包店。我时不时会带一个纸杯蛋糕回家，然后宣布说："我们要练习庆祝你的生日！"我把灯关上，在蛋糕上插上蜡烛，点燃它，然后唱生日歌，再让伊丽莎吹灭蜡烛。她总会因为练习庆祝生日这件事雀跃不已。

我现在也准备这么做，但是之前那个可爱的面包房已经不复存在了，我决定去寻找迷你纸杯蛋糕的新来源。在我认真搜寻了一番之后，我在女儿学校附近找到了一家。

"今晚的甜点有惊喜。"晚饭后我告诉她们。

"什么？"伊丽莎问。

"你们先出去一下。"

我在两个洒了彩虹色糖粒的小纸杯蛋糕上面插上蜡烛，点燃了它们，然后关上灯。"可以进来了！"我说。然后我开始唱,"祝你们'非'生日快乐……"

女儿们都很高兴。

我还能做什么呢？埃莉诺为我从图书馆给她带回来的有声读物而惊喜。杰米为我把家里打扫得一尘不染而惊喜。我注意到一个降价销售的80块钱的项链架，就买给了喜欢整理首饰的伊丽莎。

我要为我的父母和公公婆婆准备什么小惊喜呢？我知道他们想知道孙女们的新消息，所以每次家长会和带女儿们看过医生之后，我都努力把其中特别有趣、积极的消息反馈给他们，比如伊丽莎最近总觉得音乐家史蒂芬·桑坦（Stephen Sondheim）的名字是"史蒂芬·丧胆"（Stephen Songtime）。此外，由于我现在不再烦恼整理电子相片的问题了，于是我照了更多的相片，然后阶段性地把相片分享给家庭成员。当埃莉诺穿着她新的体操服摆姿势时，或者伊丽莎穿着来自深具艺术气质且心灵手巧的祖母朱迪（我简直太幸运了）为她的六年级希腊节活动缝制的宽大袍子时，我都会照一张照片，然后发给她们的祖父母们。

有天晚上，我在办公室里听见敲门声，转身看见了埃莉诺。“你怎么起来了？”我惊讶地问，“你一个小时之前就上床睡觉了！”

“这是我一生里最激动人心的一晚！”埃莉诺说，激动地直发抖。“我的牙齿松了！我躺在床上，用手按它，我突然感觉它在活动。我一开始不确定它是不是真的在活动，但它确实在活动！”

“哇！让我看看！”我说。她乖乖地摇晃着她的下门牙。“我给你照张相片，然后发给你的祖父母们！”我照了照片，给祖父母发了邮件，之后把她再次哄上床。但 30 分钟后，她又跳进我们的卧室向杰米展示这颗晃动的牙齿。

“看，现在它更松了！”她尖叫。“按着它的时候，我会因为牙齿晃动感觉到疼！”

她真是太高兴了。于是我说，“你想给外公外婆、爷爷奶奶打电话，告诉他们这件事吗？你可以去打电话，但是你只能说一小会儿，然后你就必须得睡觉了。”

虽然埃莉诺很少同意打电话，但是这次她热情地答应了。“我真希望我能早点儿想起来把刚才这段拍成视频。”在她嘟囔着走开的时候，我对杰米说。她的兴奋，她的尖叫，还有她第一颗松动的牙齿——我永远都不愿意忘记这一切。

几天后，埃莉诺的第一颗松动的乳齿终于掉了下来，我立即给祖父母发了封名为“牙仙！”的邮件，还附上了一张她的照片，照片里她笑着看镜头、自豪地指着她下门牙处的空洞。而我的父亲给我回了这样一封邮件：

寄信人：约翰·克莱福特

收信人：格雷琴·鲁宾

昨天我也掉了一颗牙……但我可不只需要牙仙了。

当我筹划着这些小惊喜的同时，我想到真理的反面往往也是真理，所以惊喜和意料之内的乐事都能带来幸福。杰米喜欢做饭，所以我考虑过给他买一些印度香料，但犹豫了一阵之后，我决定了——不买。杰米喜欢自己去专卖店挑选他没试过的香料，所以我应该想点儿别的惊喜。我最后给他买了一套“巴基球玩具”，一组由小磁铁球组成的桌面玩具，这个玩具在伊丽莎的朋友圈里风靡一时。杰米喜欢在他工作的时候不停摆弄点儿什么，所以我想他也许会喜欢这个。他的确很喜欢。

再一次，我看到了“按照我想要的感觉去行动”这条准则的效果。通过表现得细心体贴，我对家人更亲切了。这比我能做的其他事都更能给我的家带来幸福。

与妹妹合作

虽然我的妹妹伊丽莎白只比我小 5 岁，但她对我的人生有很大的影响。

比如，她展示了一个人有能力做出根本性的改变。我记得很清楚，仅仅在一夜之间，她就转变了她的整个人生道路。有一年圣诞节，我们同在堪萨斯城，那时候我们都只有 20 多岁，伊丽莎白住在格林尼治村一处很棒的公寓里编写青少年小说。平安夜的前一天晚上，伊丽莎白在酒吧里偶然遇见了老朋友萨拉·费恩。萨拉告诉她，“我要搬去洛杉矶写剧本。”喝第一杯啤酒的时候，伊丽莎白保证，“我过几周就去看你”；

喝到第三杯啤酒的时候，她说："我也要搬去洛杉矶。"平安夜那天早上，伊丽莎白说她要尝试电视剧剧本写作，正在认真地考虑搬家。到了 2 月 8 号，她已下定决心，收拾好了在纽约公寓的行李（我妈妈花了好多天帮忙），搬去了洛杉矶，和萨拉一起在海洋公园旁边的一处小房子里安家，为成为一名编剧而努力。这真是一个幸福计划风格的举动。当我考虑从法律界转行，专职写作的时候，是伊丽莎白已经成为一名作家这个事实鼓励我最终完成了这个转变。

伊丽莎白既是我的知己，也是我的榜样，我们的关系在我的生命中非常重要，但我并不经常和她联系。她和亚当刚有了一个孩子，可爱的杰克，我也有两个孩子；我们都在全职工作。因为分别住在纽约和洛杉矶，我们隔着三个小时的时差和六个小时飞行的距离。

我一直希望能和伊丽莎白合作完成一些项目。但是做什么呢？虽然我们都是作家，但是我们写的东西非常不同。她写故事，写电视剧剧本和小说（即便在她转去写电视剧剧本之后，她还是和萨拉一起写了两本杰出的青少年小说）；然而我喜欢做研究，写非虚构类的东西。

我依然希望我们能一起做一些事。"咱们做个广播节目吧，"我半开玩笑地说。"就像'五个卫星姐妹'（Satellite Sisters）一样，或者像'视频兄弟'（Vlogbrothers）一样在平台网站上做个视频节目。"

"我喜欢这个想法。我们要谈什么话题呢？"

"我们原创的绝妙的点子。也许我们可以谈谈儿童文学，我们都喜欢这个话题。或者咱们一起写点儿什么。"

我一直在寻找机会和他人合作。比如，和我的朋友一起创作《在卢埃林边缘的四个孩子》前后共花了两年时间。制订详尽的计划、在线上商店购买材料以及其他许多的工作，这一切都是那么激动人心。我希望我也能和伊丽莎白有这样的合作，但是我不知道我们能做什么。但没过多久，机会在不经意间到来了。

在12月，我主持了第二届年度儿童文学会（the Second Annual Tri-Kidlit Party），这是我所在的三个儿童文学和青年文学阅读小组的节日聚会。我深爱这三个阅读小组，所以我想介绍不同组的成员相互认识。

在这个聚会上，我见到了丹尼尔·埃伦哈夫特（我们都叫他丹），他是最早的读书会成员之一。我是通过伊丽莎白认识丹的；他们在大学的时候就是朋友，而且曾经合作写作。丹现在还在青少年文学出版社工作，而且也写过青少年文学作品。

我知道丹一直在找灵感，于是我告诉丹："我有个青年文学三部曲的绝佳的点子，真的，这是天才的灵感。"

"什么？"丹笑着问。

"我一直都对这个话题非常感兴趣——厄琉息斯的秘密仪式（the Eleusinian Mysteries），一种在古希腊举行的秘密启蒙仪式。这个仪式延续了两千年，但是没有人知道这其中的秘密。"

"什么秘密？"

"没人知道！厄琉息斯是希腊最神圣的地域之一，而厄琉息斯的秘密仪式是用来纪念得墨忒耳和珀耳塞福涅的神圣仪式。参与者来自旧时代的世界各地。参与者包括男人、女人、奴隶、君主、诗人、哲学家。仪式为期9天，在最后揭示秘密的时候将达到最高潮。虽然有无数人参加了这个仪式，但是上千年来这个秘密从来没有被泄露过。我们只知道一些细枝末节。比如，'复述，展示，践行'一类的事情曾经发生过。"

"听起来挺有意思，"丹说，"我会查查的。"

第二天，我给丹发去了厄琉息斯秘密仪式的维基百科词条。又过了几天，他回复了我一封邮件。

寄信人：丹尼尔·埃伦哈夫特

收信人：格雷琴·鲁宾

我刚刚读了厄琉息斯秘密仪式的词条。

我不得不说，关于这个题材的超自然—浪漫主义作品也许能成为所有小时候读过《波西·杰克森》（*Percy Jackson & the Olympians*）和《哈利·波特》的孩子们（女孩子和男孩子）的新流行。这个故事可以包含《达·芬奇密码》的浪漫主义惊悚元素，还可以在现代与古代之间来回切换。我们有一个秘密，还有一个存在了上千年的未知的、浪漫的、危险的、魔幻的世界。

如果你想合作，我想尽快和你谈谈。

你非常兴奋的朋友，丹

在回复丹之前，我给我的妹妹发了封邮件：

寄信人：格雷琴·鲁宾

收信人：利兹·克莱福特

我最近读了很多有关希腊宗教的东西，而且对厄琉息斯的秘密仪式非常感兴趣。2000年来，没有人知道这个秘密！什么都没有！也没有人泄露这个秘密！

上周二晚上（在我们年度儿童文学会的派对上），我见到了丹·埃伦哈夫特，我和他说了我的想法，还给他发了词条链接（http://en.wikipedia.org/wiki/Eleusinian_Mysteries），因为我觉得这会成为一个很棒的青年文学的点子。我们有足够的历史资料作为辅助，来把整个秘密仪式写成仿佛“真的”这么发生过。它可以是一个根植于历史现实，同时还留有很多想象空间的故事。

显然，他同意了！我没有写这个故事的能力，但是你有！你感兴趣吗？我相信这个点子很棒。上面的维基百科词条其实并没有展示出所有有关厄琉息斯秘密仪式的有趣资料（比如，厄琉息斯小镇的名字的原意是“到来”——多么有趣啊！）。

你感兴趣吗？我很想知道你的想法。

我很快接到了伊丽莎白的电话。“我加入！”

“真的吗？你真的觉得这个点子能用吗？”

“当然。咱们可以合作。”

我欣喜若狂。我终于找到和伊丽莎白合作的机会了！而且是这么有意思的项目！

然后，工作开始了。丹开始陆续给我们发故事的大纲草稿，一步步，我们开始商量人物和剧情。虽然很多小说都是由一位作者写成的，但是几位作者合作的形式也存在。

在某次我们的谈话快要结束的时候，我说，“我真为此感到兴奋！我想读一条名言来抒发我的厄琉息斯情绪。”（我喜欢名人名言。）

“我们洗耳恭听！”伊丽莎白和丹异口同声。

我夸张地清了清嗓子，“这是古罗马哲学家塞内卡说的，‘许多神圣的事情并不能被一次道尽：厄琉息斯总会保留一些秘密以飨那些再次光顾的人。’”每次读这句话，我都激动得起鸡皮疙瘩。

在接下来的几个月里，我们继续丰富这个故事；有时是我们三个人一起，有时只有伊丽莎白和我。故事是用第一人称视角，还是用第三人称视角？在什么时间，在古希腊到底发生了什么？在讨论的过程中，这些元素变得越发清晰。在现代故事的部分，主人公一家在拉斯维加斯拥有一个大赌场。在古希腊，主人公出生即为奴隶。

伊丽莎白做的是最艰难的工作——写第一章。但是，我也有我的任务——我能编辑，帮忙想点子，而且我也喜欢为此做研究。当伊丽莎白奋笔疾书写故事情节的时候，我则在研读与厄琉息斯秘密仪式有关的历史和神话。

在某个时间点，我简直快疯了。我们常会说，"如果我一开始就知道要做这么多工作，那我真的不确定我会愿意开始。"常常，当我有了一个创造性的想法并决定去实行它，我要做的任务一开始看起来都又直接又有趣，但是随着工作持续深入，我会意识到继续下去要投入太多的时间、精力、努力。做简单的事情都很不容易了，更别提很多事情并不简单。随着厄琉息斯（或者我们应该在小说中叫它其他的名字——这是另一个需要讨论的关键问题）项目的工作量越发明朗，即便是我那部分工作，都让我感觉手忙脚乱、如临大敌。

我要做的只是一小部分工作而已，然而就是这部分工作也花费了我大量的时间，而且或多或少影响了我的本职工作。也许我应该放弃这部分工作，专心做我自己的事情。我太忙了，我已经有太多事情要做。我想保持简约。

不！更大！我想起我的年度主题词。我有足够多的时间去完成让我感觉重要的事情。头脑风暴比攒着灵感然后一点儿一点儿用掉更能提升创造力。我着眼于需要在这个月里完成的工作，而不去关注完成整个项目所需要的庞大的工作量。如此，我感觉事情可控了许多。

我喜欢和妹妹一起工作。在通电话的时候我们会突然进入速记模式，从我们喜爱的书和电影中寻找素材和可参照的技法。

"我不想一再重复，但我还是想说，她真的很像《教父》里的麦可。"

"你看过《末日之旅》（*The Passage*）了吗？"

"我要重读《巫术师》（*The Magus*）。"

"事情是这样的，石榴真的和珀尔塞福涅有联系。得墨忒耳讲的就是粮食。”

“《神秘的历史》（*The Secret History*）这本书是能量的源泉。”

“我同意，但是再来一段类似于《音乐之声》（*Sound of Music*）里面的出走情节，如何？”

“听听这个，卡尔·荣格说过：‘没有什么比承诺保守一个秘密更能强化个人的使命感。原始的社会结构反映了对秘密组织的渴望。当一个切实的秘密并不存在的时候，特权组织就会编造或者谋划出一个秘密来。’他说的很对吧？”

在读了卡尔·凯雷梭的《厄琉息斯：典型的母亲和女儿的形象》（*Eleusis: Archetypal Image of Mother and Daughter*）之后，我给另外两人发了封邮件：

寄信人：格雷琴·鲁宾

收信人：丹尼尔·埃伦哈夫特，利兹·克莱福特

主题：回复：就想对你们说一句话……

猪。神秘的猪。

“所以，猪有什么特别的吗？”我们再次讨论的时候，伊丽莎白问。

“猪很重要，”我要说的就是这些。“神秘的猪！等等，我再给你们发些资料。”

我马上翻出我收集的能满足小说家想象所需的一大堆详细资料。《古老世界的神秘邪教》（*Mystery Cults of the Ancient World*），《宗教思想的历史》（*A History of Religious Ideas*）卷 1 和卷 2，《人类杀手》（*Homo Necans*）（书名中的这个词组是拉丁语里的“杀人者”，我尤其喜欢这本书），《希腊神话世界》（*The Complete World of Greek Mythology*），《古老的神秘：关于神圣的原始资料》（*The Ancient Mysteries: A Sourcebook of Sacred Texts*）《埃莱夫西斯和厄琉息斯的奥秘》（*Eleusis and the Eleusinian Mysteries*），《得墨忒耳的荷马赞美诗》（*The Homeric Hymn to Demeter*）。我把最有用的资料放在一起，寄了出去；我还给伊丽莎白寄了类似《古希腊日常生活》（*Everyday Life in Ancient Greece*）一类的书，让我们的故事有真实的史实做支撑。

没过多久，在一个令人激动的日子里，伊丽莎白的邮件在我的收件箱中出现了。

寄信人：利兹·克莱福特

收信人：格雷琴·鲁宾

主题：几页纸

嗨！这儿有几页纸，只是正文的前三页。（还有几页只写了标题，完全是为了增强信心或者唬人用的……）但是，我已经写完完整的一幕了，所以我觉得应该发给你看看。下一幕是他们进宝库。狠狠批评，别留情面！我的脸皮非常厚。你不会伤害到我的。我只想把事情做对，这是我现在就把它发给你的原因。告诉我你的第一印象。不用急着校对。

谢谢！

看到写着《厄琉息斯：不能说的秘密》（*Eleusis: The Unspeakable Act*）（这是我们的暂定题目）的标题页从我的打印机里跑出来的时候，我简直欣喜若狂。伊丽莎白已经开始写一个真正的故事，而且我能预见它一定很棒。虽然前路漫漫，但是我们已经迈出了第一步。没过多久，我又收到伊丽莎白的另一封邮件，那时他们一家正在拉斯维加斯度周末。

寄信人：格雷琴·鲁宾

收信人：利兹·克莱福特

赌场餐厅里的谷物装饰……太应景了（附照片）。

是得墨忒耳，得墨忒耳是谷物女神。

“问题是，我的进度不会快，”她提醒我，“我白天还有全职工作。”

“不急。”我回答。“据说，人们常常高估自己临时抱佛脚的效果，同时低估持之以恒的努力带来的成果。绳锯木断，水滴石穿。保持乐趣！”

但我突然想到了自己爱唠叨的脾气，或者说得好听一点儿，也可以叫爱鞭策别人的倾向。“你想让我督促你吗？”我问。“我可能会有点儿不留情面，但如果你想让我时不时地督促你，我会的。”

“我希望能按计划进行。咱们先这么计划，我每个礼拜给你发我新写的部分。你可以提前提醒我。”

“我保证不唠叨。”我说。（这个保证更像是对我自己说的，而不是对她。）

这个计划正在稳扎稳打地进行当中。虽然我不知道它会如何进展，但是至少它已经开始了。

我的第1条普适真理说得很清楚，感觉到成长以及向着目标前进对幸福来说至关重要——和达到目标一样重要，甚至更加重要。

尼采说过：“乐曲的终章不是目的，但无论如何，如果乐曲没有演奏到最后，那么它的目的一定也没有达到。”虽然一些被动的消遣形式，比如看电视或者上网能带来短暂的快乐，但其并不能和更加有挑战性的活动带来的快乐相提并论，比如成为一个厄琉息斯秘密仪式的专家，或者校对一个章节的书稿。

我非常幸运。我的工作就是学习和写作，而且我有很多自由时间，每天我都能自己决定做什么、怎么做。而对于已经拥有这么多自由的我来说，我仍然能体会到，选择我真正喜欢的项目并为之努力的自由空间越大，我就越是感到幸福。

我曾经设想过，我会享受和妹妹合作的过程，这点的确如我所愿；同时我也发现，仅仅是更多地和她交流就能对我产生重大的影响。现在我们有一个特别的理由互通电话了，我们交流得更多，我们的关系也变得更加亲密。我们都热衷于讨论写作相关的项目，在电话里基本上不会有时间说其他的事情，所以我仍然不知道她家厨房的装修进度，或者她上次和她的工作室老板会面的情况，我们只会偶尔说些杰克的趣事。但是这些都不重要。

“你和伊丽莎白有机会一起工作，这真的太棒了！”认识我们俩的一个朋友评论道。“简直难以置信，你的阅读小组创造了一个开启项目的机会，你还能和她一起完成这个项目。这一切都和美梦成真一样。”

“是啊。”我认同地说。这一切好像魔法一样。我真幸运，一切就这么发生了。

细细思索，我意识到了秘密所在：做自己。在我的第一个幸福计划中，我努力去拥抱我的本心和热诚所在。我创立了儿童文学阅读小组。如果没有实行这个行动计划，我就没有机会和丹见面，也不会考虑儿童文学创作；我不会看到厄琉息斯秘密仪式里蕴含的创造性的机会，而且我也不会有机会和伊丽莎白合作。对一个痴迷于古希腊宗教的人来说，特尔斐的阿波罗神庙里的箴言“认识你自己”是多么恰到好处。做自己。

3 月底，我们一家和公公婆婆一起去海边，进行每年一次的春季旅行。

“你害怕和公公婆婆一起去度假吗？”在我们出发前，一个朋友问我。

“不，”我惊讶地回答，“这很棒。特别是孩子们也会一起去。”我婆婆喜欢做沙雕，找贝壳，大声朗读，在泳池里自编自演《天鹅湖》，和伊丽莎和埃莉诺一起到处“捣乱”，她自己就是这么说的。我的公公不会做沙雕，但是他很享受参与其他活动。这意味着，在家庭时光以外，我和杰米有机会去健身房锻炼，睡个小觉，或者做我们想做的事情。这样的旅行对所有人来说都很有趣。

“你之前和他们旅游过吗？”

“哦，当然了。我们和杰米的父母每年春假和劳动节小长假都会一起去旅行。然后我们会在 8 月及圣诞节去看望我的父母。”

“真是难以想象。”她耸耸肩。“对我来说，这么密集的家庭聚会简直如同地狱。”

这次对话再一次提醒我，我是多么幸运。就像我不应该把家人的健康看作理所应当，我也不应该把家庭的和睦（在大部分时间里）看作天经地义。

在假期里，我会把自己当成小白鼠，去验证一些有趣的研究结论是否正确。根据某项研究，用不太愉快的事情打断一项愉快的体验会增强受试者总体的愉快感。举个例子，插播广告会让电视节目看起来更加有趣，中途打断一次按摩能增强按摩带来的舒适感。

根据这个研究结论，除了令人愉悦的假期阅读书目，我还带了几本研究期刊。它们已经在我的案头积压了好几个月，既占用了我宝贵的办公空间，也耗费了我的精力，变成了一项负担。如果我能安心坐下来阅读，那么我几个小时就能把它们全都读完，但是我一直没能做到。

我在假期里带着这些期刊，每天都读上一篇论文。就像研究里预测的那样，这个每天出现的烦心的小任务让整个假期变得更愉快。一个小小的苦差事强化了我的愉快感；而且，当我为了获得愉快而阅读时，那么阅读本身也变得更有趣了。同时，推进这项工作让我感觉自己更自律、更高效，它带给了我比工作本身更多的成就感。（给自己一朵小红花！）

这一年，我们旅行的最后一天是愚人节，这也意味着我们又得到了一个机会布置节日的早餐。因为不在家，我的常备道具食用色素不在身边，所以我要想一个新的方案。

在孩子们醒来的时候，我走进女儿们的房间。“孩子们，我有些事要告诉你们，”我语气严肃。“酒店刚刚发了一条重要通知，”我拿着从垃圾桶里捡回来的信封，这样的姿态让我的话更有说服力，“他们发现水里的某些物质可能有害健康，所以今天大家都不能游泳了。”

“海水还是泳池里的水？”伊丽莎问。

“都不行。他们估计明天泳池就能用了，但是我们那时候也走了。我很抱歉。”

伊丽莎突然怀疑起来。“我不相信你，”她说。

“看看这个通知！”我说着把信封递给她。

“水里面有什么？”埃莉诺沮丧地问。

“细菌什么的。”

“哇，太糟了，”伊丽莎说，一边装模作样地读通知。难以置信，伊丽莎和我一起演戏！“太糟糕了，我们一天都不能游泳。”

“没关系，妈妈，”埃莉诺勇敢地说，“我们还可以做很多其他的事情。”

如果她抗议，我还能忍得住，但是面对这张悲伤的小脸，我实在演不下去了。“愚人节快乐！”我喊。

“真的吗？”埃莉诺说。“这是个玩笑？我们能游泳？”

“我刚才真的信你了！”伊丽莎说。

“这是个愚人节恶作剧吗？”埃莉诺说。“我要在爷爷奶奶身上试试！”

我让她们排练了一遍，还给她们拍了照片。

这次旅行是一段美好的时光，孩子和大人都没有抱怨、没有不愉快。在回家的路上，我列出了在家庭旅行里用得上的成长的秘密：

> 化繁为简。
>
> 提前计划。
>
> 打包可能会漏的物品的时候，在外面套一个塑料袋。
>
> 不要让任何人觉得饿。特别是我。
>
> 快乐是会传染的，暴躁更容易传染。
>
> 涂防晒霜。
>
> 带纸巾。
>
> 提醒孩子们去洗手间——不要等到她们憋不住的时候才提醒。
>
> 保证充足的睡眠。
>
> 循规蹈矩固然有趣，但是偶尔打破常规能使日常活动更有乐趣。
>
> 为事情顺利进行提供条件，尽可能减少阻碍因素。
>
> 急流勇退。
>
> 逗孩子们笑，每天至少一次。
>
> 每天做一点儿工作，让休闲时光变得更有趣。
>
> 不要紧的小失误常常会成为最美好的记忆。
>
> 如果可能，在周六回家。留出周日一天时间作为工作前的缓冲期。

在行李箱里留足够多的空间。

就像艾森豪威尔说的，“计划往往赶不过变化，但是做计划本身至关重要。”

关键就是，找到乐趣。

回到纽约市之后，当我们拖着行李箱从电梯里走出来的时候，我又一次想起那句话：没有什么地方和家一样。

从度假地回到家的第一天，我和一个在写一篇以“幸福”为主题的文章的记者通了电话。一分钟之后，我就断定他是那种认为“幸福是一个被高估的、自私的，也许仅仅存在于想象中的概念”，或者认为“如果人们不被洗脑要挂着幸福的笑脸，大家就会对彼此更加真诚相待”的人。（他绝对是一个榨取幸福能量的负能量者。）他用指责的口吻说：“你当然会认定所有人都应该每天每分每秒傻乎乎地幸福着。”

“不，我不这么认为。”我说。然而，他的结论并不让我吃惊，因为我以前也收到过类似的批评。

“你的书是一本自我帮助类读物。”

“不，我不会这么描述我写的书，尽管它确实……对我自己有帮助。”历史上很多伟人都研习幸福。从什么时候开始，自我认知、自我管理变成了自我帮助的万金油了？“我沿袭蒙田、约翰逊、拉罗什富科、梭罗的思路研究、探讨幸福的哲学——至少我的本意是这样。”我详细地解释给他听，就好像他会在乎我的想法一样。

“你说人们应该努力不去体验任何负面情绪。”

“我从没这么说过，”我用厌恶的声音说，“我也不相信这个说法。”

这之后，对话变成了有关幸福和健康的讨论，但是我在挂电话时并没能说服他。我希望我们可以把所有的话都讲清楚。

幸福计划的目的不是消除生命中的所有不幸福。出于现实情况以及人类本性的考虑，这是不可能的；即使可能，恐怕也并不能让人称心如意。

消极的情绪在某种程度上对幸福生活而言功不可没。它们是显眼的警示灯，提示我们有些事情不太对劲。它们督促我们采取行动。

根据我的第一条普适真理：我需要在一个成长的氛围中，思考感觉很好、感觉糟糕和感觉正确，如此才能收获幸福。其中，“感觉糟糕”是重要的一环。事实上，我开始幸福计划的目的就是消除内疚、懊悔和无聊等坏感觉。我为自己对孩子们失去耐心感到内疚，为杰米没有给我表扬感到懊恼，为我认为我“应该”能从中获得快乐的活动感到无聊。此外，在我的个人经验之外，看到他人在承受痛苦也会刺激我采取行动，无论是为了我生命中的那些重要的人，还是为了陌生人。

坏感觉在其他方面也发挥了作用。幸福的重要来源是自我认知，虽然了解自己是一件非常困难的事情，特别是承认那些我想极力否认的缺陷的存在。消极的情绪能揭示出我想隐藏的事情。比如，当我想离开律政业转行当作家时，是我嫉妒的情绪揭示了我内心深处的真实想法：当我重读我为校友录杂志做的笔记时，我感觉自己对大多数人的职业都不太感兴趣，包括那些律政业的有趣工作；我嫉妒的是那些作家。

说谎也是一个重要的信号。一个朋友告诉我，“当儿科医生问我孩子们看了多长时间的电视，而我听到自己在说谎的时候，我就知道我必须得控制孩子们看电视的时间了。”另一个朋友附和：“我的新单位在步行上班的距离内。我总是告诉其他人我是走路上班的，但我并不是。我决定要说到做到，于是我真的开始走路上班了。”

当然，塞缪尔·约翰逊指出，“对症下药能治愈疾病，但是草率无知地乱开处方也能置人于死地。”消极情绪这味药在一定范围内确实对人有帮助，但是如果它带来了太多的不愉快，甚至使人陷入抑郁，那它就只会影响人的正常生活。

我意识到，获得幸福的重要条件之一是消除产生不愉快的源头，如果这样不太现实的话，那么我们也可以建设性地面对不良情绪或者困难环境。以我家为例，和妹妹聊厄琉息斯的秘密仪式远比和我父母聊授权委托书有趣，但是这两个话题在我的幸福生活里都发挥着举足轻重的作用。

不论我们和家人是不是在同一片屋檐下生活，甚至不论我们是否还和家人保持联系，我们和家人的关系都影响着我们的幸福感——或好或坏。亚当·斯密如此论述道：

> 我们要在家庭里寻求什么样的愉快感觉呢？在家里，我们互敬互爱；家是父母孩子相互为伴的地方，不管孩子是爱的结晶，还是一时放纵的产物：家里只有自由、信任、相亲相爱；兄弟间没有利益冲突，姐妹间没有仇视嫉妒。在家里，每样事物都洋溢着平安、快乐、和谐、美满。

很少有家庭能像亚当·斯密描绘的那样美好，而我也不总是能做到在我自己的家庭中营造平安、快乐、和谐、美满的氛围。但是我有这样的期望，也会为之付出努力，对我来说，这是让自己在家中变得更幸福的关键所在。

第 8 章

环境　拥抱当下

每日必习之事是重要堂皇的；每夜栖息之所是有趣美丽的。

——格特鲁德·斯泰因（Gertrude Stein）

- 欣赏所在之地
- 多行善举
- 找到自己的使命
- 创建一处秘密基地

在4月里，我希望家的氛围能扩散到公寓之外。4月是个思考周边社区环境的好时候，天气变得越来越暖和，我也不用因为寒冷而减少外出时间。我可以越来越闲适地享受散步的时光，这促使我增加自己与环境、与我周围人的互动。

我没有漫步情结，在很长一段时间里，我都为自己缺乏旅行的热情而感到惭愧。我喜欢宅在家里，而不愿意探索外面的世界——这难道不正意味着我缺乏冒险精神，对其他文化缺少好奇心，抵触尝试不同的可能性吗？但是当我督促自己“做自己”，接受自己真正的好恶之后，我开始试着直面那些关于我自己的真相。

一方面，因为我对那些需要旅行才能发现的事物没有太大的兴趣，而且我是个挑剔的食客，所以去新餐厅或者尝试异国食物对我来说不是特别有趣。我不喜欢购物，我喜欢参观博物馆。我不会说英语以外的其他语言。我没有很多住在外国的朋友。我没有类似攀岩、艺术品收藏或者鸟类观察一类的兴趣爱好。每过一段时间，我都会花上一整天的时间待在家里，而且我把它当成给自己的奖励。我爱宅在家里度假。

除了纽约市，我不想住在其他任何地方。（杰米也不愿意，因为我们现在住的地方就是他成长的城市，也是他成长的街区。）每天，纽约都让我感到快乐，在我不开心的时候，我也可以用我周边的环境安慰自己，而且效果立竿见影，就像其他人看到大海、高山或者广袤的草原一样。我喜欢纽约市展现出的无限的可能性：公寓房间在长长的走廊里一字排开，数不尽的办公室、商店、公园，每个地方都代表了一个小宇宙的中心。这些门的后面都有什么？纽约市的楼房有一种奇怪的、有魔力的品质，身处其中，你就会感觉它们从里面看来比从外面看来更大。

在晚上，如果我睡不着，我会挨个房间看一看，看看家人们熟睡的脸——他们都安然地睡着。然后我会伫立在窗前，看着街道对面黑漆漆的楼房。看到亮着点点灯光的窗子总能让我感到开心，这让我知道也有邻居并没有睡着。我记得在“9 · 11”事件那天走在莱克辛顿大道上，我在惊恐中想，“我们都处在危险中吗？危机何时才能解除？”后来，是我周围那些切实存在的、熟悉的事物使我又安下心来。

但同时我也知道，喜欢尝试新鲜事物的人比墨守成规的人要更幸福。新的体验也能激发我的想象；我能从旅行中得到新鲜的、有创造性的想法，即便我不是特别向往旅行。

鉴于我有着身为母亲的责任，即便我想，我也不能经常离开家——况且我也不想。这个月，我想尝试把在家的时光和节日期间的乐趣结合在一起，用新的视角看待寻常的事物。为了能更感激我周围的环境，我决定做一个不出家门的旅行者，“欣赏所在之地”。同时，为了成为一个更出色的邻居，我决定实行“多行善举”这个行动计划。此外，我还想“找到自己的使命”。4 月还会有另一项行动计划，但我在月初的时候还没有确定下来。

另外，我还发誓要把从 1 月到现在的家庭相片做成一本家庭相册。

欣赏所在之地

我在纽约看牙医，也在纽约买厕所卷纸，同时，纽约也是世界上最棒的城市之一。人们从世界各地来到这里，而我却从没登上过自由女神像。对于一个城市的居民而言，城市很容易就在其眼中隐去化为背景，所以我希望在 4 月里能更加珍惜这座城市——它的宏伟，它的无穷的可能性，它的取之不竭的丰富宝藏。毕竟，研究显示，意识到自己所在城市的美好和壮丽能增强人们的使命感和幸福感。

纽约市对我来说不仅仅是历史名胜的聚集地。历史学家米尔恰·伊利亚德曾讨论过我们生命中的那些“特殊的地方”，包括出生地，初恋的地点，在年轻时第一次去的外国城市，等等。即便是对那些直言自己无宗教信仰的人来说，这些地方也是非常特别的，它们是个人世界里的“圣地”。我也有我的私人地标，我个人的历史名胜，我最喜欢的城市角落。

为了对纽约市的公共宝藏，还有我私人的“圣地”提高重视、表达感激，我决定要做一个不出家门的旅行者，“欣赏所在之地”。这并不意味着我要去每个旅游景点——埃利斯岛、修道院艺术博物馆、无线电城音乐厅、“美国女孩”商店，相反，我更希望自己拥有旅行者的眼睛和热情：旅行者会阅读、做调查，会到处探索，而且会用新奇的眼光看待事物。

上次去纽黑文的时候，虽然这项行动计划还没最终成型，但我试着进行了一次尝试。因为我在耶鲁大学读了本科和法学院，所以回到耶鲁总能激发强烈的感情。特别地，因为杰米和我也是在法学院相识的，所以耶鲁同时也见证了我们感情初期的那些美好的记忆。上次回去时，我决定看看在我们感情发展进程中有重要意义的那些地点。我去了法学院的小阅览室，我们站着交谈的石头楼梯，我们第一次一起吃早饭的铜餐车厨房，我们第一次牵手的木头长椅。每个地方我都拍照留念了。

时过境迁，铜餐车厨房已经不复存在了，而总有那么一天，木头长椅甚至石头楼梯也会消失，但是它们都留在了我的心里。

格特鲁德·斯泰因说过，“每日必习之事是重要堂皇的；每夜栖息之所是有趣美丽的”。我所在的城市对我来说就是有趣且美丽的——因为我住在这里。我为“欣赏所在之地”计划了以下待办事项。

回忆往昔。当我每天走在纽约的街道上的时候，我会努力回想那些与我所在之地相关的重要记忆。这是那个金宝贝儿童用品商店，那时候我怀着埃莉诺，在和杰米走路去医院经过这家商店的时候给伊丽莎买了她的第一双红色连裤袜。这是六十九街和第三大道的交叉口，在这里我对杰米说，“我可以写一本赞扬丘吉尔的传记，也能写一本批评丘吉尔的传记，它们都可以成立”。然后杰米回答说，“你确实可以写一本类似那样的传记”。受此启发，我写出了《四十种看待温斯顿·丘吉尔的方法》(*Forty Ways to Look at Winston Churchill*)这本书。这幢楼是我公公工作的地方。这是一间名叫“村舍”的中餐厅，在我妹妹还在上学的时候我来纽约市看她，我们在这里吃过饭。这是有机农产品市场，我小叔和弟妹的烹饪书《苹果的安抚》(*The Comfort of Apples*)提到了这里。随着时光流逝，会有更多的地方被赋予更多的意义。

用新奇的眼光看待事物。当我走在路上的时候，我试着从旅行者、记者或研究人员的视角来观察这座城市。我发现了就坐落于几个街区之外但我从来没有留意过的商店。我注意到了更多的反映纽约生活节奏的细节——孩子和父母每天沿着人行道走去学校；人们在进地铁站之前短暂停留在街角的水果摊。此外，看伍迪·艾伦的电影，比如《安妮·霍尔》(*Annie Hall*),《汉娜姐妹》(*Hannah and Her Sisters*),《丈夫、太太与情人》(*Husbands and Wives*)，还有《曼哈顿》(*Manhattan*)，也让我得以用全新的视角看待座城市。

留意气味。因为我在 2 月决定要“拥抱好味道”，所以我开始留意纽约的气味。在过去，除了在面对强烈恶臭的时候，比如路过一个垃圾车，我基本感觉不到我在街上行走时经过的味道。而我现在会更留意下雨时潮湿泥泞的人行道的气味，建筑工地前新鲜木头和油脂的气味。我也会为一些气味感到困惑：为什么这条住宅区的小路总有一种电影院爆米花的气味？为什么第三大道会时不时地散发出一种节日篝火的气味？是什么成分组合让连锁药店总散发着那么一种特殊气味？

多去了解。我父亲对堪萨斯城了如指掌，为此我深表佩服。不管什么时候我问他关于某块区域的历史，或者某幢在修建中的建筑之类的事，他总能给出答案。我想更了解纽约。我想起，每当我前往一座陌生城市之前，我都会读旅行指南，因此我找了一些有关纽约市的旅行指南，比如《十条欣赏曼哈顿和曼哈顿户外雕塑的观光路线》(*Ten Architectural Walks in Manhattan and Manhattan's Outdoor Sculpture*)。我曾经数次欣赏过中央公园里以“爱丽丝梦游仙境”为主题的铜雕塑，了解到爱丽丝雕塑的原型是雕塑师的女儿这件事让我更喜欢这座雕塑了。我花了更多的时间阅读《纽约时报》的大都市版和《华尔街日报》的大纽约版。我们买了肯尼斯·杰克逊的《纽约市百科全书》已经好多年了，现在，我把它从书架顶层挪到了咖啡桌上，一有时间就翻上两页。

不走寻常路。每周和伊丽莎一起探险让我有机会看到离家不远的陌生之地。我住在离亚洲协会不到十个街区的地方已经超过十年了，但是之前我从来没有进去过，直到伊丽莎和我在某个周三决定进去参观。此外，当我自己开车而不是乘车的时候，那些我路过过许多次的道路也看起来完全不同了。

花点儿时间看《纽约客》杂志。从我很小的时候开始，浏览《纽约客》杂志的封面就能激发一种强烈的感情——不是高兴也不是悲伤，而是对纽约市的强烈的向往。不是现在这个我熟悉的纽约市，而是那个我还从来没有去过的纽约市：扬基棒球队，公园里的莎士比亚雕塑，去史泰登岛的轮渡，去威廉斯堡的小径，与康涅狄格州连通的大道。为了能拥抱这种纽约客情怀，我“适度挥霍”（我第一个幸福计划中的一项行动），买了一本二手的《〈纽约客〉封面集锦，1925-1989》。我和伊丽莎、埃莉诺三个人一起看了好几个小时。这些图片激发了我似真似幻的纽约遐想。

随时做一个旅行者，欣赏所在之地，这是一种积极的精神状态。

多行善举

在构成一个社区的所有元素中，最重要的是邻居。我希望能更和睦地和邻居相处，更努力地为居住在同一幢大楼里、在日常生活中每天都会见到的人增添幸福感。这让我想到两个问题：我的存在能让其他人更幸福吗？我的行为能增加他人的幸福感吗？在我考虑这些问题的时候，我突然想起来，大家都说，传递幸福的途径是“随机地做些善举”。但是我不同意。

诚然，如果随机地做些善举，我可能会感觉更幸福。比如，我可以在高速路收费站为在我后面排队的车交费，或者往陌生人的停车计价器里投硬币。这是我的第 2 条普适真理的第一部分，也可以总结为“行善事，得善果”。但是，研究表明，许多人对他人善行的第一反应是——怀疑！

这对我来说千真万确。如果有个陌生人莫名其妙地对我表示友善，我会有所戒备。我并不觉得我的反应是出于愤世嫉俗或者对人性的不信任；不是友善本身有问题，而是“莫名其妙”让我感觉不安。如果一个陌生人递给我一块钱，我会怀疑他在试着激发“报答”（reciprocation）这个心理学现象（如果某个人给了你东西或者为你做事，你会觉得自己有报答对方的义务）。报答的心态是很多行为的缘由，它解释了为什么印度教克利须那派的教徒会在机场给经过的人派发鲜花，以及为什么慈善机构在募捐的时候会寄出免费的地址标签。另外，偶然的善举未必会被领情。我也许为一个百万富翁交了高速路通行费，或者为一个站在我旁边马上就要把车开走的人付了停车计价费。一个朋友告诉我，他曾经在路上被一个高头大马的人拦住，对方说“我在给出免费的拥抱！”然后就抱住了他。这个拥抱虽然是免费的，而且的确是出自善意的，但是并不为我的朋友欣赏。

行善固然很好，而且随机地做些善事也不是件坏事。但是为了在给他人带来幸福感的基础上让我自己更幸福（这是增强幸福感的最谦卑的方法），我希望自己能非随机地做些善举。毕竟，看到一个陌生人、朋友或者同事表示友好是件开心的事，但是费力琢磨一些莫名其妙的善举背后的动机则会让人感到不安。

一个朋友告诉了我她有关非随机地行善的美妙经历。几年前的 4 月

15号，她去邮寄报税单[①]，邮局人山人海，大家在唯一的邮票贩售机前排起了长队。当终于轮到我朋友的时候，她买了整整一版邮票，而不是只够她用的几张。然后她转向身后的人，把所有多余的邮票分发给了大家。拿到免费邮票的人非常高兴——即便是那些没有拿到免费邮票的人也都很开心，因为长长的队伍一下子变短了。她说，每个人都很惊讶、开心。

一想到她描述的那一刻，我就感觉非常幸福！我的朋友把一次痛苦的邮寄报税单的过程变成了一次幸福的经历——不仅仅是对她自己，也是对当时在她身后排队的陌生人。还有我。

随机性会模糊你和善举之间的关系。（当然，也许这正是随机的善举的部分魅力所在。）有些人相信做好事图回报降低了好事的价值；类似地，有些人认为没有哪种行善的行为是完全无私的，因为行善本身会给自己带来极大的快乐。

我的观点是：确实是这样，而且这样反而更好！让自己感觉幸福的最好方法是让其他人感觉幸福，而且这肯定是人性里最光辉的一部分。就像蒙田论述的："见证良心之善举是令人愉快的，这种自然的快乐对我们有益，它是唯一不会被浪费的投入。"

我尝试找寻非随机行善的方法，以让他人在我的影响下更快乐，即便我的影响可能微乎其微。首先，我决定要更有礼貌（这是善举最基础的形式，但也很重要）。我常常横冲直撞，因为我总是沉浸在自己的思绪里，所以我留意不到在研究地图的旅行者，或者是费力搬婴儿推车的妈妈。于是，我决定要努力在别人需要帮助的时候伸出援手。虽然我自己不乱扔垃圾，但是我从没想过自己能为别人乱扔的垃圾做点儿什么。

① 美国的报税单提交截止日是每年的4月15号。——译者注

有天下午，我在等地铁，一个空的塑料瓶子在地上到处滚，给所有往来的行人造成不便。瓶子滚来滚去、滚来滚去，而我则想着，“应该有人把它捡起来”。然后我想到，“那个人就是我！我为什么不是那个捡瓶子的人呢？”于是我就捡起了瓶子。我的日常活动让我和附近的许多人都进行过短暂的接触，大部分人我每周都会见到。但是我不愿意承认这点，我的习惯是每次都表现得像是第一次见面一样礼貌。现在，我决定努力对每个熟悉的陌生人微笑着说“你好”，以此作为我的日行一善。

这些行为看起来很琐碎，但是我不得不承认，我的行为因此发生了改变。

不过，我还是想对自己期许更多。我本性保守，所以进行这些需要和陌生人互动的善举，比如分发邮票，对我来说非常具有挑战性。我希望自己能更外向开朗，但我不是这样的。在不违背我的本性的前提下，我还能做些什么呢？

我决定更努力地把人们聚集在一起，比如邀请新人加入我各种各样的阅读小组、写作小组，还有帮别人介绍工作。在现在这种严峻的经济形势下，人们需要所有可能得到的帮助。我几乎每天都会和身处各种不同行业的人交流：视频制作人、网页设计师、作者和编辑、平面设计师、健身房的教练、艺术家、作家代理人、社会媒体顾问。虽然我以前也总是推荐别人，但是现在我会找更多的机会推荐我欣赏的朋友的作品，如果合适，我还会立刻发一封跟进邮件，附上联系信息。比如，只要可能，我就会向他人毫不保留地赞美曼哈顿家庭网络公司的电脑专家查理斯·斯坦顿，我由衷感谢他解决电信难题的超凡能力，对我这种不懂高科技的自由职业者来说，他的存在简直就是福音。

类似的，因为我对作家有特别的同理心，所以我会用自己的网站推荐其他人的优秀作品。我每天都会在我的博客上贴其他作者的链接，尽可能多地推荐优秀的书籍。

这些都不是大的善举；它们都很微小，就像为陌生人付高速公路车费、往停车计价器里投钱一样。但不管怎样，勿以善小而不为。

找到自己的使命

为了创建一种真实的睦邻友好之感，我发现，我一定要把注意范围延伸到我居住的大楼和我的熟人圈子以外。但是该怎么做呢？

几年前，当我开始“效仿一位精神导师”这个行动计划的时候，我认定我的精神导师是里修的圣女小德兰。鉴于我不是天主教徒，这个选择也许会让人感到很疑惑。我对圣女小德兰的热忱让我连带着对其他的“德兰”修女们的经历也深感兴趣：16 世纪的阿维拉的德兰（Teresa of Ávila），她是伟大的改革家、创始人、神秘主义者；还有现代的特雷莎修女，她不眠不休地在加尔各答及其他地方为“穷人中的穷人”提供帮助。[特雷莎修女曾经认真地指出，她的名字出自里修的圣女小德兰，意指“耶稣的小花”（the Little Flower），而不是出自大众认定的阿维拉的德兰。]

在我阅读有关特雷莎修女的故事时，我被她说的一句话吸引了：当有人想要和她一起去加尔各答工作，或者询问她如何才能效仿她的生活方式的时候，她会告诫对方说，“找到你自己的加尔各答”。这句话的意思是：人们应该找到自己的使命，而不是一味追随其他人的脚步。就像她是因为听到了引导她去帮助穷苦人的“召唤中的召唤”（call within a call）一样，其他人也应该去发现督促他们行动的驱动力，他们自身能力的用武之地，他们的使命。

我找到自己的使命了吗？没有。

我确实在纽约公共图书馆当过志愿者，并为此投入了我的时间、精力和金钱。我喜欢去图书馆，我喜欢那种充满可能性和认真、勤勉地投入阅读活动的感觉，我喜欢安静的陪伴，还有所有那些书。在大学时代，每当我感觉不开心，我就会去斯特林图书馆。我会随便选一层，然后徜徉在拥挤又富有神秘气息的书架间。这总会给我一种冒险的感觉，好像随时可能发现宝藏一样。因为我太喜爱图书馆了，所以我曾为得到了为图书馆做事的机会激动不已。

主动帮助他人是件正确的事情，同时也能增加个人的幸福感。美国国家和社区服务组织的一项研究显示，能为自己认为有意义的事业或项目提供支持的人会更幸福，也会更健康。这些人显示出较少的生理衰老和心理衰老的迹象。这不只是因为乐于助人的人往往本身就是更健康幸福的人，而且是因为帮助他人能带来幸福。就像我的一条幸福悖论阐述的那样，“即便是出于自私的原因，也要无私”。大约 1/4 的美国人做过志愿者，在这些志愿者中，有 1/3 的人每年都会做 100 个小时以上的志愿工作。

虽然在之前的几十年里，“自我认知”这个概念衍生出了许多有争议的话题，但有一个共识是：我们不会从不停地自我夸耀或者相互夸耀那里得到正确、健康的自我认知。我们只能从我们认为有价值的行为中得到正确、健康的自我认知，比如帮助他人。

的确，帮助他人让我们感觉更幸福，但是当我们不快乐的时候，我们也往往没有心力去帮助他人。如果我们帮助了别人，我们也许会感觉好一些；但是不快乐的人往往被自己的问题占据全部的心神，没有能力再对外界做出正面的反应。反之，快乐的人会更多地做志愿工作、捐款、关心他人。

我自己也是如此。就像我开始我的第一个幸福计划的时候希望的那样，在我的生活越发幸福的同时，我也变得更乐于寻找途径帮助他人。

纽约公共图书馆是“我的加尔各答”吗？不是。对我来说，特蕾莎修女的训诫“找到我自己的加尔各答”指引着我去寻找一个特别吸引我同时也能让我施展才华的项目。但这个项目是什么呢？孟子曰：“道在迩而求诸远，事在易而求诸难。”[①] 就在我身边，就在我的生活里，就有这样一个促使我采取行动的项目：器官捐献。

杰米患有丙型肝炎，这意味着他的肝脏在持续不断地经受病毒的攻击。我们希望他的肝脏能坚持到新疗法出现的那天，但我们知道也有可能坚持不到。虽然杰米表面上看起来非常健康，现在也不需要肝脏移植，而且也许永远都不需要肝脏移植，但是比起大多数人，我们要面对器官移植情况的可能性更高，所以我对器官捐赠的相关事宜非常关心。事实上从几年前开始，我就加入了纽约器官捐赠组织。这是一个器官劝募机构，负责管理器官捐献的临床流程，检查匹配程度，以及为纽约市里的器官捐赠者家庭提供帮助。

在这个机构做志愿工作的经历让我了解到器官捐献正面对的挑战。美国有大量的器官移植需求，纽约器官捐赠组织尝试了许多办法来解决这个问题。其中一个方案是：让更多的人签字成为器官捐献者！（还有比这更妙的非随机善举吗？）理论上，83% 的纽约人支持器官捐献。但是怎么才能劝说他们签字成为捐献者呢？这一步至关重要：当家人面对是否要将一位家庭成员的器官捐献给他人的时候，知道那个家庭成员自己的想法会让事情简单很多。

在纽约，95% 的同意器官捐献的人都是在他们需要去车管局或在

① 《孟子·离娄章句上》。原文英译为，“The path of duty lies in what is near, and man seeks for it in what is remote”。——译者注

其官方网站上注册或更新驾照的时候表明捐献意愿的[①]。但是纽约所有符合条件的捐献者只有 15% 签署了器官捐赠同意书（全美国平均水平是 40%，有些州高达 75%）。为什么？不说别的，纽约更新驾照的周期长达 8 年（对司机来说是好消息，但对器官捐献注册来说是坏消息），而且纽约还有一个非常不愿意合作的车管局，更糟糕的是，现在的网络注册系统非常复杂、烦琐。

但是当我开始寻找我的使命的时候，几个有益的改变发生了。纽约器官捐赠组织聘用了一个负责市场营销与通信的副总裁，车管局也开始表现出合作的意愿。更重要的是，关于把器官捐赠网络注册系统从纽约卫生部转到纽约捐赠联盟（其成员包括各大纽约器官劝募机构和纽约器官库）的提案已经递交。这个改变会大有助益，因为在捐赠联盟的监管下，注册系统的设计和宣传会更受重视。

几年前，一个在资助社会创业家的基金组织工作的朋友对我说："在和贷款申请人谈话的时候，我会让他们描述感受到自己的使命所在的时刻。我总是对他们的回答特别感兴趣。"

"什么是'感受到自己的使命所在的时刻'？"我问。我从来没有听过这个短语。

"就是当你想到有人应该试着推广防疟疾蚊帐的普及，或者教孩子们戏剧，或者其他什么的时候，突然意识到'那个应该做这些事的人就是我'的时刻。"

当我看到器官捐献网络注册系统有所改善这个机会的时候，我也感受到了属于自己的"使命所在就是它了"的时刻。这就是我的加尔各

---

① 美国驾照上有一栏需要填写人勾选"是否捐献器官"。一旦有捐献意愿的人出了事故死亡，器官会被立即取出进行配型移植。——译者注

答。尽管我不是医生，也不是专家，但我依然可以贡献我的知识和劳动。而且，我热切地相信这个任务意义重大。

但是，我犹豫于是不是要全身心投入于此项事业。我在网络营销、卫生法规、器官捐献领域都没有特别的经验，我有资格提出建议吗？我已经为自己的工作而身心疲惫了，我还有时间和精力去做其他事情吗？我几乎没什么机会再用到我的法律知识了，我还适合提供与法律解释相关的建议吗？

我想，是的，我不是网络营销高手，但是我会用脸书、推特、视频平台网站，还有邮件猩猩（MailChimp）。我虽然不是很懂网页设计，但我还算知道一些。我有律政行业的背景。我了解关于注册的有关事项，以及为什么我们急需改变。

我要对抗内心深处那种危险的、熟悉的欲望——保持简单，别去碰那些麻烦事情。一开始的时候，我以为我只需要负责解释如何在邮件猩猩上注册一个用于收集志愿者捐赠声明的账户，但是后来的工作越来越多！（更大！）

在我努力去寻找我的使命所在的过程中，发生了一件我意想不到的事情：我对器官捐献注册系统的兴趣激发了杰米的兴趣，他也很快参与其中。事情发展得很顺利，由于他对事物过目不忘，对见过的人以及那些人的兴趣、学识、能力如数家珍，因此杰米的贡献不可估量。我总是想我能做什么，但是杰米想得更多更远，他找到了能在不同方面提供帮助的分属不同领域的专家。当这些专家们也参与其中之后，事情进展得更顺利了。

从我个人的角度来说，能有机会和杰米合作非常有趣。在我们结婚的头几年，我们都在华盛顿特区为联邦通信委员会的主席里德·亨特工作，我们出席同一个会议，被转发同一封电子邮件。我喜欢从一个全新的角度观察杰米（比如他古怪的工作邮件写作风格，和他写给我的个人邮件完全不同）。现在我们又有机会在一起工作了，而且这项工作和我们的孩子、旅游规划、修理电器都没有关系。

更重要的是，由于我和杰米都参与其中，我的公公婆婆也开始加入进来，他们也都做出了举足轻重的贡献。他们很关心器官捐献的相关事宜，但是他们以前不了解提供帮助的途径。

像往常一样，我知道得越多，就越是感受到自己的无知。在他人的鼓舞下，我需要做的事情越来越多，我被催促着“发起一个宣讲活动”、“做民意调查”或者“打电话了解相关信息”。在更多的人和组织的参与下，器官捐献业务在不断扩张，这意味着更多的邮件、会议和问题。我知道我已经尽心尽力去提倡器官捐献注册了。这让我感觉到更幸福了吗？当然。

某个傍晚，我在家旁边的街角碰到了我公公。纽约是个大都市，但是有时候我觉得它和北普拉特一样小。

“爸爸！”我叫他，看着他拿着他总带在身边的两个鼓鼓的文件夹，从出租车里慢慢跨出来。

“孙女们都在哪儿呢？”

“她们正和杰米在一起。对了，非常感谢你打那个电话！”我说。他最近为器官捐献注册的项目打了一个很重要的电话。“时间太合适了，它真的起了大作用！”

“我很高兴能帮上忙，”他说。“我也感觉打那个电话可能有用。如果我还能帮上什么，记得告诉我。”

“我会的！”我回答。就像我因为能有机会和杰米一起工作而欣喜一样，能和我的公公婆婆一起工作，发掘在家庭以外的共同兴趣这件事也让我感觉很有乐趣。我从来没想过这个行动计划能带来我和公公婆婆共事的机会。

创建一处秘密基地

在开始这个家庭幸福计划之前，我一直在煞费苦心地为这一年想计划，我喜欢提前做好准备。然而，快到这个月月底的时候，我突发性地想新增一个行动计划，因为我终于为我长久以来对家庭的原始渴望找到了一个合适的词语。

在某个阴天的下午，我从学校接上伊丽莎，然后我们一起走去惠特尼美术馆，这是我们这周的探险。快离开艺术馆的时候，我们停下来欣赏一件我一直非常喜欢的作品，查尔斯·西蒙的微型景观作品，《民居》。它就被放置在主楼梯的一个不起眼的角落，窗户的旁边，它是一个很小的泥土建筑山景，让人想到美国西南部建在悬崖峭壁上的民居。它看起来很原始。它的规模很小，但它的确是一件不朽的艺术作品。

在伊丽莎和我仔细欣赏它的时候，我第一次发现，根据作品标牌的说明，我们眼前的雕塑是三座以泥土、沙子、石头和木头为原材料制作而成的系列雕塑里的一座。另外两座在美术馆外：一座在马路对面的商店的二楼橱窗里，还有一座位于对面公寓楼某个烟囱保护罩的下面。

“哇，”我对伊丽莎说，“读读这个标牌。其他两座雕塑在博物馆外面，马路对面！”

“什么？不可能吧！”

我们俩同时看向窗外。“就是那个，我看到了！”我边指边说。“两个我都看见了！”

“在哪儿？”

“那儿，那个楼的橱窗里——然后再往上看，那个烟囱的保护罩下面还有。”

“哇！”伊丽莎深吸一口气，“我也看见了！它们在外面！还可以这样吗？把艺术品放在室外？”

“这真的太美了，”我说。“我们走过那幢楼那么多次，竟然从来没有注意过这个。”我们隔着窗子看了好长时间。

当我们走出博物馆的时候，伊丽莎问：“我们能停一下吗？我想照张相。”

“当然。”

她拿着手机，从好几个不同的角度拍照。“相片没有实物有感觉。”她嘟囔着。

回家的路上，我们不由自主地谈论起那组雕塑。自从在芝加哥美术馆看到约瑟夫·康奈尔的作品后，我就再没像今天一样为一件艺术品这么激动过了。

我一直希望自己能更有审美情趣。我总感觉我可以更加欣赏、热爱艺术，但是不知怎么我总也找不到合适的机缘让我的兴趣得以深化。比如，我上过绘画课，因为我觉得学习绘画可能会对此有帮助，但是并没有。当看到一件我喜欢的艺术品，我会产生强烈的意愿去……使用它，内化它，把它变成我的一部分，但是因为我没有办法实现这些想法，到最后我就会产生挫败感。

我们走回家的时候，我扪心自问，“我为什么这么喜欢《民居》？我为什么会被它强烈地吸引？”我从幸福计划里学到的重要一课是，更加关注能激发我的热情的事物。在过去，我通常会忽视自己一时的兴趣。我会喜欢上一些物品，或者为一些话题着迷，但是我不会深入思考它们。但我后来终于意识到，我没有那么多热情可以浪费。我一直想着《民居》所展现出的那个微型的、隐匿的景观，然后突然间，我有了灵感，我决定临时增加一个行动计划：“创建一处秘密基地”。

“听好了！”我拉着伊丽莎的胳膊。“我有个超级棒的主意——我们自己在家里也建一个微型景观吧！我们可以做一个微型景观，然后把它藏在医药橱里，或者书架的最上层！那一定棒极了！”我完全能想象出来它的样子。我们打开橱柜，看到的将不是一摞盘子，而是一个小小的山顶。

“是啊，那肯定棒极了！”伊丽莎马上就明白我在想什么。“但问题是，”她继续，“它必须得做得非常好才行。我们做不出来那么好的东西。”

“是的，”我点头，“它必须要特别美才符合我们的期望。但是我们要怎么才能找到类似的作品呢？我一点儿主意都没有。”

“可能查尔斯·西蒙有多余的作品。”

“是啊，但是他的作品都属于艺术馆，而且肯定都非常昂贵。也许有其他的艺术家，不是那么有名的艺术家，会做微型景观。但是怎么能找到他们呢？又没有一个这样的人名表……我得研究一下。”

“我可以帮忙吗？”

“当然！”

那天晚上，我给母亲打电话，我描述了西蒙的作品，还有我们希望在家里放一个微型景观的想法。

“我正在网上看你提到的《民居》呢！”她说，“它太美了。”

“想想打开橱柜，看到一处悬崖峭壁上的民居，或者在医药橱里藏一个小美人鱼的景观雕塑！”

“就像衣橱里的纳尼亚世界[①]，”伊丽莎附和道。

我在打电话的时候，埃莉诺拖着步子进来，哭丧着脸。

---

① 语出自《纳尼亚传奇》系列奇幻儿童文学。书中有一个可以通往纳尼亚大陆的魔衣橱。——译者注

“妈妈，我们有个问题。”她看起来很难过。

“等一下，妈妈。怎么啦，伊诺？”

“我知道你正在跟姥姥说，你想要一个微型景观。但是你知道我有多喜欢玩儿那些新奇的小东西。如果你弄了一个，我会想在我的地盘里摆弄它的。”

“嗯，对，”我告诉她，“我很高兴你提起这件事。我们要想想怎么办。”她是对的，她会想摆弄它。我们以后要处理这件事。

在接下来的几天，我做了调查。我在推特和脸书上发帖请求推荐；伊丽莎和我在买卖手工艺品的平台网站上进行了搜索；我也给热爱艺术的朋友们发了邮件。我写了个便条，提醒自己去租《微型家具》（*Tiny Furniture*）这部电影来看。

“看这个，”我对伊丽莎，那时候我们正在用不同的电脑在网上搜索，“这个叫作移轴镜摄影（tilt-shift photography）。”

“这是一种给微型景观拍照的摄影技巧吗？”她问，越过我的肩膀看向屏幕。

“不！”我回答。“但这正是它的有趣之处。这些都是真实景观的照片。用移轴镜摄影技法拍摄能让所有现实景观看起来都像是微型景观。”

“我们能做到吗？”

“也许！我们搜索完微型景观的相关信息之后就去查查看。”

最后，我找到了一个人，她就在纽约市，做我想要的那种艺术品。

我在推特上发了一条信息：“我在找做漂亮微雕的艺术家（或者爱好者）。有什么建议吗？”一个熟人发给我了一个关于女艺术家杰奎琳·施密特作品的链接。我马上就被迷住了。我给她发了邮件，还打了电话。她似乎完全懂得我到底想要什么。她来我家看我准备放微型景观的地方时，我们谈论了这个作品可以涵盖的元素：山顶的景色，知更鸟

（我的标志），雏菊（伊丽莎的标志），蝴蝶（埃莉诺的标志），黑莓丛（杰米的标志），还有小溪或者池塘，明亮的云彩，若隐若现的树屋，有四个蛋的鸟巢——所有这些都位于一个想象中的、麦克斯菲尔德·派黎思式的山顶，而不是仿真的山顶。在进行了更深层次的交流之后，她同意着手制作。

我太兴奋了。我们马上就要有一个微型景观了！藏在橱柜里面！

“要花多少钱啊？”在我眉飞色舞地向杰米描绘这个计划的时候，杰米问我。

“还记得我们说过要买点儿特别的东西庆祝我们的 40 岁生日吗？”我回答，“我们一直没计划过这件事。现在我决定这就是我们要买的东西。”

“好吧，听起来不错，”他说。“但是这样的话橱柜就被占用了，原来的那些东西要放哪儿呢？”

“我会重新放好的。别担心。”

然后我试着把微型景观这件事放在脑后，因为我知道，在它被安置在我们的橱柜里之前，我还要等上很久。

在我意识到我热爱微型景观之后，我进一步发现其实我一直以来都对这类艺术情有独钟。过去的十几年里，我一直收藏着一本已经破损了的博物馆小册子，上面印着柯丽恩·摩尔的童话城堡，那些精美至极的小房子曾经在芝加哥科学与工业博物馆展出过。在我还是个孩子的时候，我就深爱着达尔·莱特的图画书：《孤独的娃娃》（*The Lonely Doll*），《带我回家》（*Take Me Home*），《小东西》（*The Little One*）。我把诺丽·尼克斯的作品《缠绕》（*Wired*）的照片从杂志上剪下来收藏，她是个制作微型景观并为之拍照的艺术家。去年夏天我们一家去了迪斯尼，我最喜欢的项目是童话世界，里面满是小型的童话场景。我还买了一个雪山景观手工制作套件（在 9 月的时候）原想和伊丽莎一起完成（但是后来放弃了）。

现在，我发现了吸引我目光的事物——微型景观，我应该进一步发掘这个我从来没有留意过的兴趣。我一直喜欢娃娃屋、鸟屋、盆景、村庄模型、玻璃鱼缸和饲养箱、建筑模型，还有约瑟夫·康奈尔的艺术作品《盒子》系列。如果我以前能略加留心这些喜好，也许我早就已经发现我对微型景观的爱了。

除了对微型景观的热爱，我心中另一个更深沉、更梦幻、近乎神秘的渴望也被这个藏匿在橱柜里的山顶景观满足了：对创建一处秘密基地的渴望。

在还不是特别理解我自己在做什么的时候，我就已经在我家创建了一处秘密基地。几年前，一次小规模装修之后，我家多出了一块奇怪的、不知怎么利用的区域。在某种原始渴望的驱动下，我决定把这块空间做成一个小隔间，用一块板子把它挡上，而且设置成这块板子只有在按了正确的地方之后才会打开。在这个机关做成之后，我把我最喜欢的装裱好的全家福照片都放在了这个小隔间的架子上。这样我就看不到那些全家福照片了，但感觉反而更好。因为把它们藏匿起来让它们对我的影响力更大了。

我爱这处秘密基地，但是我从来没有仔细思考过我为什么想要这个，或者为什么它给我如此强烈的满足感。在读过克里斯托弗·亚历山大的《模式语言》之后，我意识到自己这种对秘密基地的渴望是普遍存在的。在亚历山大的书里，模式 203 是“属于孩子的洞穴”，之后的模式 204 便是“秘密基地”：“哪里是能表达对隐匿的渴求、对藏匿的需要、对珍贵之物失而复得的希望的地方？”对此，《模式语言》建议：“在家里开辟一块地方，一两平方米就可以，把它锁起来，这个秘密基地是外人发现不了的——除非你告诉他们。”这恰恰就是我做的事情。为什么？在《空间的诗篇》（*The Poetics of Space*）里，作者加斯东·巴什拉说：“密闭的盒子永远比敞开的盒子里有更多的东西。考据画作的出处和细节减弱了它们的美感，让它们引领你的想象，你能看到更多。”约瑟夫·康奈尔的作品《盒子》里面有时会设置一个永远关着的抽屉，里面可能有一根羽毛，或者一张纸牌。这些富有神秘感的元素对我来说有超乎寻常的重要性。除了我藏起来的橱柜里的山顶景观，我们还可以设计另一个秘密基地。我可以在公寓的墙面下藏起一个广阔的自然世界。只有我的家庭成员知道秘密所在。

说起来，在留意到让我产生这个想法的西蒙的《民居》以前，我已经考虑了一阵要在家里建立一处秘密基地。只能说冥冥之中自有天意吧！

除了得到了对艺术品的更深层次的欣赏，和对长久以来的神秘向往的满足以外，我做的事情也是成长的秘密的完美体现：顺其自然的时候我表现得最好。当试着达成一个让我“感觉正确”的目标的时候，我做起事情来得心应手，进度也很快；但当我试着追寻一个并不适合我的目标的时候，我就会举步维艰。现在我学会不再一门心思地撞南墙，而是把过程看成一种自我认知的线索。

我是在别人身上意识到这条成长的秘密的。“你是怎么学会在幻灯片里加动画的？”我曾经会这样嫉妒地问别人。“你是怎么找到这个卖朗姆酒味夹葡萄干的大米布丁的地方的？”这些他人的成就让我感到困惑。“哦，我不知道，”人们往往含糊其词地回答，“我就是找别人问了问，也不是太复杂。”但它们看起来就是很难！但是当别人问我，“你怎么能找到一个经纪人，然后开始以写作为职业的？”或者“你是如何增加你博客的访问量的呢？”我听到自己也用同样的方式回答：“嗯，我就是做了些研究……也不是太困难就解决了。”当我开始写博客的时候，我很享受积累技能的过程。9 月的时候，我觉得在我的工作圣地漆紫藤花墙也很容易。

我曾经告诉自己，“我要更多地学习艺术。艺术非常美好，又有意思又有趣！”但我就是不知道要怎么实现。当我更加留意那些吸引我的、让我感觉美好的东西，而不是我认为我应该喜欢的东西的时候，我发现了我真正热爱的东西，也找到了追寻它的方法。我总觉得时间不够用，但是我会花好几个小时翻看某几位艺术家的作品。我不用强迫自己“痛苦一刻钟”或者寻找其他的方法督促自己完成这些目标。我根本停不下来。

克里斯托弗·亚历山大说过，“取悦自己很难，非常难，和听起来的轻松随意相差甚远，这差不多是世界上最难的事情，因为我们不总是能面对内心深处真实的自己。”我要做自己。

4 月的最后几天有点儿冷，但是风景很美；这年还没有下过大雨，所以花坛中的紫罗兰、郁金香还保持在盛开的状态，玉兰树看起来也美极了。这是纽约市最美的季节，最适合我做个旅行者，欣赏所在之地。

从 2 月起，我对气味的兴趣与日俱增，我最近还阅读了调香师克里斯托弗·布罗修斯的故事，他因为制造了能引起回忆画面的类真实气味而闻名。布罗修斯创立了我喜爱的帝门特气味图书馆，他还有一条香水生产线叫作“我讨厌香水”。出于好奇，我定购了“燃烧的叶子”和“看见一朵花”这两个香水小样，它们的香气简直令我着迷。我知道布罗修斯在威廉斯堡有一个“香水长廊”，我发誓要亲自去参观，这将会是一次能让我在一个早上同时完成“承担责任”（练习开车）、“拥抱好味道”和“欣赏所在之地”三项行动计划的出游活动。很幸运，我找到了一个好朋友和我同行，她也喜欢好气味，喜欢冒险，更重要的是，她熟悉驾驶（以防万一我会因为开车而崩溃）。

我们花了好几周计划这次出行。一开始是我需要换个时间，然后是她发来邮件："我那天早上要去别的地方。咱们能下午 2：30 出发吗？"我一开始回答，"可以"。后来我给她发了第二封邮件，"我有个弱点，这件事我只对你说：我太害怕开车了。我们能换个日子吗，换个早上的时间？我很害怕上下班高峰的车流。""当然。"她马上回复。

我迫不及待要参观那家店，但是我一想到要开车去布鲁克林就紧张。如果我们迷路了怎么办？如果路过的人在我尝试平行停车的时候嘲笑我怎么办？如果我太过焦虑怎么办？前一天晚上，我做了个长长的关于开车的噩梦。

但是这场旅行简直棒极了。我的朋友处变不惊、冷静平和，用我打印出来的地图帮我指路（因为我还是不太会用汽车内置的 GPS）。我马上就找到停车的地方了。我们在开门前就到了，所以我们在附近的一家新潮咖啡店里聊了大概一个小时。然后我们终于去了那家店！小小的店里有一个架子接着一个架子的闪亮、诱人的小瓶子。我们一一嗅过众多的样品，并且重复了这一过程许多遍。

她发现了"在海滩，1966"、"干草"和"黑色的三月"；我发现了"友好的回忆"、"茶 / 玫瑰"和"于洛先生的假期"。（最后一种气味的描述是这样写的："地中海带着海盐的微风，漂在水中被海藻覆盖的木头和岩石，还有旧皮箱的味道。"）她买了一些作为礼物，我也为我的嗅觉圣地添加了三种新气味。

"我爱纽约，"在我们穿越威廉斯堡大桥回到曼哈顿的时候，她感叹道，"这么多可看的东西，这么多可去的地方！"

"是的，"我说，"确实如此。你想要的一切都在这里。我们太幸运了！闻闻这个。”我把胳膊伸到她面前。

“‘干草’？”

“我爱这个，天啊，我爱死这个了！”

“闻闻这个。”她伸出她的胳膊。

“‘在海滩，1966’？我喜欢这个！”

第二天，有人问我，“坚持所有的行动计划是不是要花很大的力气？”于是我回想了这次出行——焦虑、胜利、美妙的气味、和朋友去探险。“有时候是的，”我说，“但是当我为这些行动计划付出了努力之后，我会感觉更加幸福。”

这次出行之后，有次我和父亲通电话，提到我在为器官捐献组织做的事（我父亲的确有广为人知的热情性格，但他是不会对“我讨厌香水”这类事物感兴趣的）。

“看来你最近很忙，”他说。

“是啊，”我回答，“我有点儿太忙了，而且我其实还不太懂要怎么弄，但是这是我想做的事情。”

“那最好不过了，就去做你想做的事情。有时候，刚入行的律师会到我的办公室问我，‘我应该做点儿什么呢？’他们希望能更有策略性一些，比如试图效仿我曾经做过的事情。”我父亲参与过不计其数的商业、政治、公民活动，他是那种让律师这种职业看起来很有意思的律师。“我告诉他们，‘不要做你认为你应该做的，去做让你感兴趣的事情。如果你没有兴趣，那你肯定干不好，你也坚持不下去。我参与政治活动是因为我想参与，而不是因为我觉得我应该参与。’所以，如果你对器官捐献的事情感兴趣，那通过某种方法参与其中再好不过了。”

还是那句话：做自己。

|第9章|

此时此刻　把握现在

“安全了！安全了！安全了！”房子心跳的节拍是这样狂野。我哭着踱步，“哦，这就是你们埋藏的宝藏？那心中的光亮。”

——弗吉尼亚·伍尔芙

埃莉诺的幼儿园生活马上就结束了，伊丽莎的六年级也要结束了！我的日历上写满了学年最后几天的待办事项：“幼儿园告别派对——带橘子汁”，“给老师买感谢卡”，“六年级野餐”，“参观拱门日”，还有我最不喜欢的，“提交露营健康表格”。时间都去哪儿了？

我记得9月的最初几天，埃莉诺和我第一次参观了幼儿园的教室。初秋时节，伊丽莎还和我们一起走去学校。这些日子一去不复返了。

很难相信夏天竟然马上要来了。在今年第一个暖和的周末早上，我告诉杰米：“我想这个周末带女儿们去中央公园坐旋转木马。伊丽莎就坐过一次，埃莉诺一次都没坐过。”

“好，”杰米说，“但是为什么这么急？”

“我们必须得现在做这些事情。看起来我们随时能去，但是伊丽莎已经12岁了！对于旋转木马来说，她可能已经超龄了。而埃莉诺也6岁了。我们应该现在就去。”

“好，”他说，“我们今天就去。”（最后我们那天还是没去成，我们还需要另找时间去一次。）

我看着仍是一片空白的5月行动计划表，如果我可以完美地坚持完成计划，那我就将为我的家庭幸福计划画下一个完美的句点！过不了多久，雷打不动的学校生活时间表就要暂停几个月了，但是我不愿意在最后的日子里放松对自己的要求。

在某些日子里，我会希望我能忘记自己的行动计划。我想要工作，而不是和伊丽莎一起去纽约市博物馆。我不想为一个行走缓慢的妇人扶住门，甚至不想在早上和其他送孩子的父母问好。我不愿意三思而后行，也不愿意费力回应他人的好意，或者花上一刻钟完成一项拖延已久的任务。

但是当我坚持执行了计划之后，我会更开心。有天晚上，我在走进门的时候向保姆阿什利和埃莉诺漫不经心地问好，同时急匆匆地在便条上写下提醒事项（如果我不马上把我突然想起来的那些重要的事情写下来，我就再也想不起来了）。当我用一个断头的蓝色蜡笔在学校咽喉炎注意事项通知书的背面写下这条重要的提醒的时候，埃莉诺皱着眉头向我大步走来。

“你没有热情地和我打招呼！”她不高兴地说。“当我说‘嗨’的时候，你就只回了一个‘嗨’，并没有关注我。”

“哦，宝贝，”我蹲下来对她说，“我道歉。我希望在我忘掉某件事之前写个提醒便条，所以我刚才显得心不在焉。”我重复了一次属于我们的口号：“抱抱我，金龟子。”①

我的几条行动计划都让我想起了关于幸福的悖论。“幸福不总是让我感觉快乐。”开车让我更快乐吗？是，也不是。在上一年的10月以前，我基本没想过开车，但是在尝试去做了以后，我感觉开车也并没有这么令人不安。我现在经常考虑开车出门，尽管每次都心有余悸。

---

① 原文是“Give me a hug, Ladybug”，句尾押韵。——译者注

“我真想克服自己对开车的恐惧。”有天我通过电话告诉伊丽莎白。“我确实开始开车了，也确实进步了好多，但是我不想再体验这种恐惧的情绪了。”

“你需要花上几年的时间每天练习开车才能真正习惯这件事。”伊丽莎白说，“不过好在你现在已经在开车了。你最好能坚持下去，不然可能就前功尽弃了。”

“我确实在找机会开车，但我还是害怕。不过我知道在某种程度上我确实克服了恐惧，这让我很欣慰。”

我没有一天能完美地遵守所有的计划，但是我确实每天都在进步。当伊丽莎开始学习吉他之后，她问我要把琴放在哪儿。虽然我第一个想到的就是告诉她把琴存在一个不怎么用的柜子里，但是我想起来“方便”对于自我控制的作用，于是我告诉她可以把琴放在她卧室的一角。她越是容易摸到吉他，就越会经常练习。（一个朋友建议我给她买个吉他架，但是作为一个不怎么爱买东西的人，我是不会买这个功能单一、可有可无的物品的。）完美是很难得的，有进步就已经很可贵了。就像本杰明·富兰克林在他的幸福计划中记载的那样，“总的来说，虽然我从未达成过我梦寐以求的完美，但是我已经通过我的努力变成了一个更优秀、更幸福的人；如果我从未尝试，我肯定不会成为现在这样的人。”

在过去的几个月里，我的家开始更真实地反映我的审美和品位。我在家的时候感觉更幸福了。就像我的第 5 条普适真理所说的那样：“我的幸福生活只能建立在自己的本性之上。”“有些事对别人来说有趣，但是对我来说未必有趣。反之亦然。”我对自己重复道：“我能选择我做什么，但是不能选择我喜欢做什么。”一遍又一遍地，我发现想要更幸福，我必须“做自己”。空空的架子让一些人幸福，丰富的收藏让另一些人幸福；在家附近散步让一些人幸福，攀登中国长城让另一些人幸福。对我来说呢？佛家箴言说：“逢佛杀佛。”单纯地效仿，即便是效仿一位精神导师，比如佛祖，也并不能通往我自己的幸福。我必须去做对我自己奏效的事。

家是我自身的映射，所以让家变得更像家也是一种自我认知的扩展练习。为了更好地享受家带来的幸福，我需要了解自己，面对自己，这才是返璞归真的正确路径：做自己，不虚与委蛇，不装腔作势，不故步自封。

“做自己”是通往我的幸福的唯一路径，但是这条路径也有其局限性——我必须面对我的缺点、我的冷漠、所有我希望我没有的性格弱点。为了让我的生活充满我热爱的事物，我必须分辨出对于我的幸福无足轻重的事物。我的家里没有值得夸耀的昂贵钢琴，没有爵士乐作为背景音乐，没有狗在门口摇尾，衣橱里没有滑雪服，餐桌上没有鲜花……但是我有自己的圣地，里面都是我真心喜爱的物品。我越是“做自己”，我的生活就越会向好的方向发生改变。在感觉一切都在化繁为简的同时，我的内心也变得充实、丰富。就像作家托马斯·莫顿在《笔记》（*Journal*）里写的，“最后我得到了结论，我最大的野心就是变成我已经成为的那个人。”

此外，就像我希望的那样，我的家庭幸福计划也让我的家人变得更幸福了。温暖地问好，节日的早餐，好气味，橱柜最顶端的微型景观，甚至更干净的架子，所有这些都或多或少地为我的家庭增添了愉快有爱的氛围。

我努力让自己做到我的第一条人生准则“做自己”；我在过去的九个月积累出了一份长长的清单，涵盖了我发现的所有成长的秘密。小说家罗伯特·路易斯·史蒂文森说过，“保持快乐这个习惯可以免除或者很大程度上减轻外界因素对一个人的影响”。但当我手里有多余的卷纸时，我还是会感觉更快乐。下面是这份清单中的一些项目：

- 圆珠笔或者记号笔的墨水干了就马上扔掉。
- 每个屋子都要有点儿紫色。
- 尽量不接受免费的东西。
- 灯泡坏了或手纸用完立马更换。
- 保证门和抽屉都能轻松关上。
- 虽然留着某个东西比考虑是否要淘汰或如何淘汰它更容易，但你还是应该马上淘汰它。
- 每个房间里都要有笔、记事本和剪刀。
- 写下所有需要记住的东西。
- 读完杂志后，在封面折个角表示自己已经读完了。如果你两个月内都没有再读这本杂志，扔掉它。
- 把大工程化繁为简。
- 保持手机和电脑一直有电。
- 把钥匙放在相同的地方。
- 在家里藏一点儿现金。
- 不要等到没有打印纸了再去买。
- 如果某件事或某样东西对我来说很重要，我就应该在日程表上为它留出时间，或者在我家里为它留出地方，并且围绕它建立人际关系。
- 没有起头的项目最让人疲乏。
- 如果我不需要某个东西，得到它并不会让我幸福。
- 留一个备用的空架子，留一个抽屉放杂物。

这个月还在有条不紊地进行中，在我遵循家中的成长的秘密和我个人的普适真理执行我的各项行动计划的时候，我清楚地看到一条埋藏其中的更深刻的真理：把握现在。这是我的第 8 条也是最后一条普适真理。

现在就是“做自己”，变得更幸福的时候——不要等到写完书稿，不要等到回复完所有的邮件。就像埃利亚斯·卡内蒂说的，“人们总是有这种天真的想法：与过去相比，未来有更多的空间和时间”。如果我现在没有时间装饰姜饼屋，或者用亲吻和杰米告别，或者去大都会博物馆看厄琉息斯的展览，那么我就要安排时间做这些事。

人本性里的愚笨之一就是认为真正的幸福是无法企及的。“到达谬误”（arrival fallacy）是指我们倾向于相信我们在到达某个终点之后就会幸福。人们通常期待未来会比过去更幸福。在一项研究中，当受访者被问及 10 年之后认为自己会过得如何时，95% 的人认为他们的未来会比过去更好，即便是那些已经对生活感到满意的人们，也会希望自己能对未来的生活更满意。

在我的生命中——在大学期间，在为法官做助理的时候，在埃莉诺上学前，在我的作品出版的过程中，甚至在我和杰米的婚礼上——我一直都有一种仓促感，一种没有来得及体味过程就从前言跳到尾声的感觉。“还为时尚早”、“我还有许多时间”或者“我还年轻”，就在我还这么想着的时候，突然，一眨眼的工夫，这些就变成了“已经太晚了”、“基本上结束了”或者“我已经太老了”。在萨基的短篇小说《在卡尔顿的雷金纳德》（*Reginald at the Carlton*）里，一个人这么说，“西餐的前菜对我有种特殊的、令人伤感的吸引力……它们让我想到我的童年，也让我好奇下一道主菜会是什么。而在接下来的进餐过程中，我总希望自己吃了更多的前菜。”我不希望在垂垂老矣的时候再后悔自己没能更满意这飞逝而过的一生。

这个冬天，我错过了赏雪的时机。1 月和 2 月的时候雪量很大，但是我从来没有留意过，我总觉得会下更多的雪，我可以到那时再花时间好好欣赏。但是在第三场大雪过后，纽约再也没有下过雪了。我错过了堆雪人的时机。

这种仓促感还伴随着一种奇怪的假装的感觉，而且我觉得周围的人好像都在玩着这样一个极其复杂的“假装游戏”。我听杰米讲电话，听着他说类似“我真不敢相信他期待我们给出双倍的利息、税项、折旧及摊销前收益”，“这个季度的业绩将会是个惊喜，但未来趋势还是未知数”，“我们大概是卖得太晚了”，或者“我今早在数据室，但是什么都没发现”这些话的时候，我会羡慕地想，“他表现得真像一个优秀的金融从业者”——而他就是一个优秀的金融从业者，不是好像。或者，当我听到一个朋友谈起一本书的书评的时候，我就会想，“她听起来真像是一个为报纸写书评的人”，而她就是一个为报纸写书评的人。我的父亲表现得像个祖父一样，而他的确是孩子们的祖父。

从某个角度来看，这种假装的感觉确实让人更轻松，因为它让生活没那么严肃了，它给所有的事物都抹上了一层滑稽的色彩。但是我正在努力摆脱这种感觉。我正生活在真实的生活里，而它就是如此。把握现在。我不能总是要等一个时机去变得更幸福，等一个时机去玩乐，等一个时机去做我认为我该做的事情，因为我也许永远等不到这个时机。

我的幸福计划是一次关于不让时光在没有被注意、没有被欣赏中白白逝去的努力。当我反思过去一年我在家做的改变，以及我是如何让我的生活被我爱的事物塞满的，我再一次领悟到了塞缪尔·约翰逊那句神秘话语的含义：“如果有人想把印度的财宝带回家，那么他必须亲自携带这些印度的财宝。”我的家是我自身的反映：家带来安详、喜庆、慈爱和友善的前提是我必须要把这些态度带给它。为了让我的家更像家，我需要在心里带着我的家。我的家就是我的宝藏。一个幸福的家不是我靠改善装潢就能得到的一处居所，而是我需要培养的一种心态。

所以，这个月里，我读了说明书，我为一个器官捐赠网站工作，我计划了一个小惊喜（在上学日的晚上有爆米花和电影，这对我的女儿们来说是个极大的奖励）。我害怕开车，但我还是开车了。我整理了相片集。我在路上停下来闻柑橘的味道。在女儿们的两个记忆盒里，我小心翼翼地放入了伊丽莎的第一套婴儿装和她在托儿所用的餐垫，还有埃莉诺小小的芭蕾舞鞋和她掉落的第一颗牙齿；这些我收藏起来的宝物是我永远都不会失去的。

在5月末尾的一个下午，当我从图书馆走回家的时候，我意识到这一年里我一直没有想起来的一件事。“萝拉·英格斯·怀德是书写家庭主题作品的最棒的作者！”我想。房子和家就是她的作品的骨架！

仅仅是想到《大森林的小木屋》这几个字就唤醒了我好多温馨的童年回忆，也让我想到了相比于广袤森林，人类是多么渺小。这个故事讲的是，大约一百年以前，大森林里有幢小房子，小房子里的阁楼上放着南瓜，壁炉架上放着一个陶瓷的牧羊女雕像——对于住在那儿的女孩子来说，这就是整个世界。

然后我再一次想到了那个我不知读过多少遍的段落：《大森林的小木屋》的最后一页描绘了五岁的劳拉在睡眼惺忪时对这个世界的印象。

> 当小提琴停止了鸣奏，劳拉轻声说，“爸爸，《友谊地久天长》（*Auld Lang Syne*）是什么时候的曲子？”
>
> “那是很久很久以前的事情了，劳拉。”爸爸说。“现在就去睡觉吧。”
>
> 但是劳拉仍然睁着眼躺了一会儿。她听着爸爸演奏小提琴的

旋律，还有在大森林中回响的孤独的风声。她看着爸爸坐在壁炉旁边的长凳上，他的头发和胡子在火光的映照下闪闪发光，还有那把蜜褐色的小提琴。她又看看坐在摇椅上打毛衣的妈妈。

她对自己说，“就是现在。”

她为她看到的一切而喜悦，温暖的家、爸爸妈妈、壁炉里的火，还有美妙的乐曲，这些都是她现在拥有的。这些都不能被忘记，她想，因为现在就是现在，现在永远不会是很久以前，所以要把握现在。

当我在那个春日的下午走向我住的公寓大楼的时候，我抬起头，看着坐落在这个大都市里的我的小公寓，我提醒自己，“把握现在”。我知道那个叫作劳拉的小孩子其实还不知道——现在的确是现在，但她的现在已经是很久以前了。

我转动钥匙打开家门走进去，我想，我的日常生活是多么激动人心、转瞬即逝又弥足珍贵啊！把握现在。我的家就是我的宝藏。

后 记

READERS

我的“拥抱好味道”的行动计划演变成了一种狂热。下面是几种我最喜欢的香水：

我讨厌香水（CB I Hate Perfume）

看见一朵花（To See a Flower）

干草（Hay）

茶 / 玫瑰（Tea/Rose）

在海滩，1996（On the Beach 1966）

回忆中的友善（Memory of Kindness）

帝门特气味图书馆（Demeter Fragrance Library）

壁炉（Fireplace）

纯肥皂（Pure Soap）

爽身粉（Baby Powder）

斐德瑞克 · 马尔（Frédéric Malle）

地中海百合（Lys Méditerranée）

紫丁香（En Passant）

夜间的栀子花（Gardenia de Nuit）

厄琉息斯秘密仪式的写作项目目前进展稳定但缓慢。因为在写作这本书期间，我妹妹还在为两个有名的电视网络平台创作试播集剧本。

我担任了纽约器官捐赠系统的公共和专业教育委员会的主席。有关器官捐赠注册的工作仍在继续。

现在，在我家的橱柜里，有一处秘密的微型景观。

杰米的肝脏依然很稳定，而且他想养条狗。

我还是不喜欢开车。

现在，这本书要结束了，我准备永远幸福地生活下去。

8 条普适真理

1

我需要在一个成长的氛围中，思考感觉很好、感觉糟糕和感觉正确，如此才能收获幸福。

2

让自己幸福的最好方法之一是让其他人幸福。

让他人幸福的最好方法之一是自己先幸福。

3

一天很长，但一年很短。

4

除非我真觉得自己是幸福的，否则我不会感受到幸福。

5

我的幸福生活只能建立自己的本性之上。

6

我能改变的人只有我自己。

7

幸福的人能让其他人感到幸福，
但是我不能强迫别人感到幸福，
而且别人也不能强迫我感到幸福。

8

把握现在。

你的幸福计划

每个人的幸福计划都是独一无二的，但是大家都会从中获益。我的幸福计划开始于9月，结束于转年的5月。同时，我也期待在我接下来的生活中继续坚持这个幸福计划。你的幸福计划可以从任何时间开始，也可以持续任意长的时间。

选择要进行什么行动计划的时候，记得考虑我的第1条普适真理：

1. 什么让你“感觉很好”？什么活动让你感觉愉快、满足，获得了正能量？

2. 什么让你“感觉糟糕”？什么是你生活中愤怒、急躁、倦怠、沮丧、焦虑的源头？

3. 你生活中有哪些事情没能让你“感觉正确”？你会想要换工作，更换居住城市，变更家庭状况或者其他的外在环境吗？你达到了自己的预期吗？你的生活反映了你的价值观吗？

4. 你生活在成长的氛围中吗？你生活中的什么元素让你感觉到了自己在进步、学习、迎接挑战、改进、掌握新技能？

当你决定了你需要在什么方向多加努力之后，你就需要制订明确的、可以被评估的行动计划，这样你就能看到自己的进步。计划越具体越好：比起执行“做一个更有爱的家长”的行动计划，执行“早起

15 分钟，在孩子们起床之前穿戴整齐”要容易得多。

另一个颇有助益的练习是明确你的个人信条——用于指导你行为的基本准则。比如，我最重要的个人信条是“做自己”。

为了帮助你设计属于你自己的幸福计划，我会经常在我的博客上贴些建议和读书心得。请参考我的个人博客“幸福计划”，happiness-project.com。

做出详尽的计划之后，要找到方法评估进展，对自己负责。我效仿本杰明·富兰克林的美德表设计了我的行动计划表。如果你想看看我的计划表作为参考，请给我发邮件（gretchenrubin1@gretchenrubin.com），或者在我的博客上留言。

你也许在考虑发起或者加入一个幸福计划小组来完成幸福计划。在这些小组里，人们会交换想法，保持热情，更重要的是，人们可以相互监督。单单是加入小组也会增强幸福感。如果你需要有关发起幸福计划小组的建议，请给我发邮件，或者在博客上留言。

还有一个能帮助你明确、记录、追踪你的行动计划完成情况的工具是我创建的幸福计划工具箱，可参考网站 www.happinessprojecttoolbox.com。我把帮助我坚持执行幸福计划的工具都放在上面了。你可以记录你的行动计划，并给自己打分（以个人或者小组的形式），明确你的个人信条，说出你的故事，分享你的成长的秘密，写一句话日记，做各种各样的清单，制作一个贴着你喜欢的书、警句、电影、音乐、图片的剪贴板。你可以把这些设定为私人所有或者公开分享，你也可以阅读其他人的公开分享（那些分享真的都很棒）。

如果你想订阅我的免费电子月刊，阅读我的博客和脸书里的头条文章，请给我发邮件，或者在博客上留言。

如果你想订阅每日发送的免费邮件“幸福时刻”（Moment of

Happiness），阅读幸福格言，请给我发邮件，或者在博客上留言。想成为粉丝团志愿者，也请给我发邮件。时不时地，我会向你们寻求帮助（绝对不是繁重的活儿，我保证）。

如果你想告诉我你自己的经历或者对幸福的看法，请通过幸福计划博客给我发邮件。我期待能听到你对于这个经久不衰的话题的看法，分享你日常生活的点滴。

格雷琴·鲁宾

致 谢
READERS

我的幸福计划里的重要一课是感恩，不过我没办法一一感谢所有为我的计划提供过帮助的人，因为几乎所有我认识的人都和我分享过一些有关幸福的观点。但是，一些人值得我花特别的篇幅去感谢他们为本书做出的贡献。

首先，我要感谢我杰出的经纪人，克里斯蒂·弗莱彻——感谢她的有见地的批评、精准的判断、对创新性计划的热情、对信息的强烈渴望，还有对我写作节奏的精准掌握。还要感谢弗莱彻公司（Fletcher & Company）的经纪人团队：阿莉莎·沃尔夫、梅利莎·钦齐诺和米克·崔。

还要特别感谢皇冠出版社（Crown）的每个人。特别是我最棒的编辑辛迪·麦尼，出版专家蒂娜·康斯特布尔，以及梅雷迪思·麦金尼斯、塔米·布莱克、玛雅·麦杰和迈克尔·帕尔贡，还有本书加拿大版本的出版商，克里斯汀·科克伦。

当然，还要感谢阿什利·威尔逊和福瑞达·理查森在我写作的过程中对我的无私帮助。感谢萨拉·斯卡利向我推荐驾驶学校，用她自己的例子鼓励我战胜对开车的恐惧。感谢尖叫猫头鹰设计公司的杰奎琳·施密特为我家的橱柜设计并制作了一个微型景观。感谢和我一起为器官捐献事宜工作的每个人：纽约器官捐献网的工作人员，特别是海伦·欧文、詹姆斯·帕尔德斯、朱莉娅·里维拉、桑德·佛罗曼博士、莎莉·罗杰斯、彼得·哈钦斯，特别感谢伊莱恩·伯格，以及塔斯克战略公司（Tusk Strategies）的布拉德利·图斯克和凯特琳·拉克鲁瓦，还有约翰·科多。另外，一如既往地感谢才华横溢的利昂娜·金博士。

衷心地感谢通读过本书的草稿并给出建议的第一批读者们：伊丽莎白·克莱福特·费列罗、杰克·克莱福特和凯伦·克莱福特、金马龙·斯科特、里德·亨特、海伦·科斯特、珍妮弗·乔尔、迈克尔·梅尔彻、丽贝卡·格莱迪，还有最重要的劳伦·罗兰。

我非常有幸能和一群棒极了的人共事。感谢无人可比的杰米·约翰逊。感谢“一号公寓”（Apartment One）计划的成员：丽莎·络温格、斯宾塞·巴格利，还有雷迈·麦克丹尼尔。“砧板”（Chopping Block）计划的汤姆·罗默和其他成员。《好管家》杂志的优秀的罗斯玛丽·埃利斯、维罗尼卡·钱伯斯和其他组员。“我的小夹克”（My Little Jacket）博客的玛丽亚·加西诺和亚历山大·玛丽斯。还有德州大学阿灵顿分校的豪伊·桑德斯和莱斯利·舒斯特。

感谢我所有的朋友，他们不仅让我感到幸福，也为我提供了灵感、事例和他们的个人经历。感谢我的写作小组、儿童文学阅读小组，以及无形学院（the Invisible Institute）、米高梅公司，还有其他为我提供了无数点子和绝佳支持的组织。还要感谢博客上的朋友和同事们——他们是我重要的幸福源泉。言语无法表达出我对幸福计划博客读者们的感谢，在此特别要感谢那些我引用过他们评论的读者。能让更多有想法的读者参与其中，这增加了我对“幸福”的理解和热情。

最后，一如既往地，我要感谢我的家人，感谢他们的爱和宽容，还有为我写作本书提出的建议。你们就是我的家。